水质水量联合调度技术集成与评价

吴文强　彭文启　刘晓波　著

黄河水利出版社
·郑州·

内 容 提 要

本书围绕支持形成重点流域水污染治理与管理技术模式集成成果要求，以水专项在重点流域研究形成的水污染控制治理与水环境管理技术研究成果为基础，系统梳理、总结重点流域在环境流量及生态调度方面的关键技术与工程示范成果，研究形成流域水质水量及水生态联合调度技术体系集成成果，以“一湖一策”思路为指导，形成三峡水库水污染控制治理适用技术体系及管理模式报告，为重点流域水污染治理与管理技术模式集成研究提供支持。

基于水专项在重点流域围绕河湖水质改善及水生态系统健康开展的关键技术研究成果，以辽河、淮河、太湖等为典型河流及湖泊流域，梳理、总结水质水量水生态联合调度技术研究成果，分析评估其工程示范效果，研究提出建立重点流域水质水量水生态联合调度制度的对策建议。

图书在版编目(CIP)数据

水质水量联合调度技术集成与评价/吴文强，彭文启，刘晓波著. —郑州：黄河水利出版社，2018. 12
ISBN 978-7-5509-2220-4

Ⅰ. 水… Ⅱ. ①吴… ②彭… ③刘… Ⅲ. ①水环境-环境管理-研究 Ⅳ. ①X143

中国版本图书馆 CIP 数据核字(2018)第 292027 号

组稿编辑：李洪良 电话：0371-66026352 E-mail：hongliang0013@163.com

出 版 社：黄河水利出版社 网址：www.yrcp.com
地址：河南省郑州市顺河路黄委会综合楼 14 层 邮政编码：450003
发行单位：黄河水利出版社
发行部电话：0371-66026940、66020550、66028024、66022620(传真)
E-mail：hhslcbs@126.com
承印单位：虎彩印艺股份有限公司
开本：787 mm×1 092 mm 1/16
印张：9.25
字数：210 千字 印数：1—1 000
版次：2018 年 12 月第 1 版 印次：2018 年 12 月第 1 次印刷

定价：80.00 元

前　言

纵观国内外水质水量联合调度技术研究进展,"十一五"水专项项目实施前,我国河流水质水量联合调度技术处于理论研究阶段,对于闸坝联合调度技术在河流生态环境治理及应对突发性水污染事故中的作用与机理不甚明了,更加缺乏实际操作经验,没有建立起系统的水质水量耦合模拟技术、多闸坝河流闸坝联合调度技术、水污染突发事件应急预警预报技术以及众技术的集成——水质水量联合调度决策支持系统。国外发达国家水质水量联合调度研究追求的河流恢复至原始状态,其主要污染源治理已由传统的以点源为主改变为以面源为主的污染治理。国内的相关研究最早开始于20世纪70年代末,20世纪90年代开始全面系统的研究。近年来,我国水资源调度工作在实践发展中已呈现出三个较为明显的变化趋势,即从应急调度发展到常规调度,从单纯的水量调度到水量与水质的统筹考虑,从单纯服务于生产生活到为改善生态环境调水。国外河流生态环境治理已经达到生态治理的阶段,其水资源开发利用程度远低于我国,当前国外取得的成果多数可为我国河流生态环境治理所借鉴,但受水资源条件限制,又不可以照搬全抄,应批判地引进吸收,结合我国水资源特点、污染源特点及河流生态环境治理的阶段目标,因地制宜地制定我国各流域水质水量及水生态联合调度技术体系,并逐步推广应用。

围绕支持形成重点流域水污染治理与管理技术模式集成成果要求,以水专项在重点流域研究形成的水污染控制治理与水环境管理技术研究成果为基础,系统梳理、总结重点流域在环境流量及生态调度方面的关键技术与工程示范成果,研究形成流域水质水量及水生态联合调度技术体系集成成果,以"一湖一策"思路为指导,形成三峡水库水污染控制治理适用技术体系及管理模式成果,为重点流域水污染治理与管理技术模式集成研究提供支持。本书重点包括两部分内容。

一是重点流域水质水量水生态联合调度技术集成研究。基于水专项在重点流域围绕河湖水质改善及水生态系统健康开展的关键技术研究成果,以辽河、淮河、太湖等为典型河流及湖泊流域,梳理、总结水质水量水生态联合调度技术研究成果,分析评估其工程示范效果,研究提出建立重点流域水质水量水生态联合调度制度的对策建议。

二是三峡水库流域水污染控制治理与管理技术模式与体系研究。以三峡水库流域为研究对象,基于水专项各主题在三峡水库流域的研究课题形成的研究成果,以流域为整体,按照系统治理与综合保护的思路,从水库水质保护、河流水污染控制与治理、城市水系综合治理、饮用水安全保障、三峡库区水质保护政策等多层面,集成形成三峡水库流域水污染控制治理与管理技术模式与体系。

本书基于"十二五"国家重大水专项课题"流域水体污染控制与治理技术集成及效益评估"研究任务，在编写过程中得到国家水专项办的大力支持，期间许秋瑾研究员、胡小贞研究员、王成博士等同志对本书的撰写提供了悉心的指导与帮助，在此一并表示感谢。

鉴于作者水平有限，疏漏与不妥之处在所难免，敬请专家和读者指正。

作 者

2018 年 10 月 20 日于北京

目 录

第 1 章　水质水量水生态联合调度研究进展

1.1　国外研究进展

通过闸坝实现流域水质水量优化调度在发达国家已开展了较多的工作，20 世纪 50 年代以来，世界许多国家对其境内的、跨界的河流进行了治理，如欧洲的莱茵河、英国的泰晤士河、德国的德鲁河、北美的密西西比河和美国的田纳西河。1991 ~ 1996 年，美国田纳西流域管理局（TVA）通过对流域内的 20 座水库的调度方式进行了优化（通过适当的日调节、涡轮机脉动运行、下泄水复氧措施等，提高水库下泄水中的溶解氧浓度和保障必要的生态用水量），提高了水库泄流的水质条件。2004 年 5 月，田纳西流域管理局董事会批准了一项新的河流和水库调度政策，从单个水库的水位升降调节，发展到以流域所有水库的联合调度来管理整个河流系统的生态需水量。在美国其他流域也开展了类似工作，美国内政部垦务局对科罗拉多流域生态流量的保证措施；加利福尼亚的中央河谷工程包括了 20 多座水库，在其水库调度和管理中提高了满足生态环境的用水要求。通过对这些河流几十年的治理，在流域管理措施和技术手段上积累了以下宝贵经验。Pingry 等（1990）在科罗拉多流域的上游主干河流的研究中，在某一断面上，水量分配和所需要的水环境污染物处理水平都是变量的情况下，如何在水资源供给规划和水环境污染处理规划方面取得平衡，建立了水量平衡模型和水盐模型的决策支持系统探讨水资源供给费用和水环境污染处理费用的利益权衡方案，目标是寻求最小化经济费用。Mehrez 等（1992）发展了一种考虑水量和水质的非线性规划模型，研究多水质、多水源的区域水资源供给系统，包括水库和地下井、输水管网、闸门开关的实时调度研究，目标函数是最小化每日抽水费用，约束条件包括对水量、水质不同需求的用水户约束。Campbell 等（2002）利用模拟模型和线性优化模型研究三角洲地区地表水和地下水源的分配系统，在控制海水入侵和农业面源污水的盐分浓度控制目标下，研究了具有多种水质的不同水源的优化调度以及水质变化规律，探讨了高水质储水水库的稀释混合对源水水质的净化作用规律。在水库和湖泊优化调度研究中，Loftis（1990）使用水资源模拟模型和优化模型方法研究了综合考虑水量、水质目标下的湖泊调度方法。Hayes 等（1998）为了满足水库尾水、下游水质目标，集成了水量和水质多水库发电系统的优化调度模型，探讨了 Cumberland 流域中水库日调度规则，在改善下游的水质目标要求下，寻求最大的发电量。Avogadro（1997）建立了考虑水质约束的水资源规划决策程序过程。第一阶段先不考虑水质因素，建立水量多目标规划模型来分配水量，目标函数为最大化各用水户的总满意度，约束条件考虑河道的最小基础流量。第二阶段将水量结果输入水质模型中考察是否分配结果满足流域时空水质目标，通过采用一维变量搜索方法，如从简单的提高污染物去除水平到增加约束条件来重新求解水量模型，以满足水质目标。Cai 等（2003）研究以灌溉为主的流域中，水量的分配和灌溉引起盐碱化的环境问题，建立了集成流域水文、农业和经济模型于一体的整体模型，并通过大系统的分解协调技术有效地求解模型体系，分析了多方案情景下，流域经济和环境的变化情况。Seung-Won Suh、Jung-Hoon Kim 和 In-Tae Hwang 等（2004）对韩国的 Shiwhaho 湖进行了模拟，指出污水的排入和半封闭的水动力状态是造成水质恶化的主要原因，提出通过闸门的控制，增加水体与外界的循环，以实现水质目标。

1.2 国内研究进展

国内的相关研究最早开始于 20 世纪 70 年代末，20 世纪 90 年代开始全面系统的研究。张家玉等（1998）在对加速武汉东湖湖泊功能恢复的相应对策中，就提到了同时采用生态修复和补水等措施，但只是基于定性和策略性层次上的探讨。南京市政府对玄武湖陆续实施了清淤、截污、引水和生态等 4 个单项治理工程，使湖泊水质得到了一定的改善。俞燕等（2000）建立了城市浅水湖泊水动力生态水质模型，包含了温度、透明度、悬浮物、氮、磷、溶解氧和 COD 等状态变量，对同时实施该 4 项工程条件下的玄武湖水质效应进行了模拟和预测。阎战友（2002）以水生态环境问题日益严重的海河流域为研究对象，提出了通过采用综合开发治理，在时间上和空间上合理配置水资源等改善和恢复海河流域的水生态环境的措施。朱亮等（2002）研究了城市缓流水体污染成因分析及维护对策，提出了建立科学的城市水务管理体制，城市水利工程与生态工程建设相结合，充分发挥水系工程在城市水体环境保护中的作用，尤其要确保科学的水体调度方案及完善暴雨污水综合治理方法等保护城市缓流水体的对策。孙宗凤、薛联青（2003）建立了河网非稳态水质模型与河网水量模型耦合的水质水量调度模型，利用此模型评价了所设计的不同水量调度方案对于连云港市区河网水质改善的状况，从而为水资源的有效调度提供参考。卢士强等（2006）建立了上海市平原感潮河网的水动力和水质模型，利用两者耦合数值模拟和分析了全市主要河流调水方案对水质的影响，并分析得出枯水年实施综合调水方案可不同程度地改善相应区域水系的水质，如苏州河综合调水可改善黄浦江干流中游河段的水质，而对黄浦江上游松浦大桥取水口水质基本没有影响，从水质较好的长江引水可改善嘉宝北片水系的水质。吴泽宇和周斌（2000）研究了南水北调中线渠道控制计算模型，提出闸前常水位和控制容量方式是中线最合适的控制方式。童朝峰等（2002）对有闸分汊河口的水动力进行模拟，用节点水位控制法建立了能应用于有闸分汊河口水动力研究的一维河网数学模型。吕宏兴等（2002）采用矩形特征差分网格二阶精度格式对灌溉渠道闸门调控过程中的非恒定流进行了研究，模拟了不同调节流量、调节时间相应于不同初始流量、水位和调控方式情况下的模拟渠段上、下游边界处的流量与水位过渡过程。孙宗凤和薛联青（2003）用逆风隐式差分格式建立了水质水量调度模型，并对连云港市区河网水环境改善以及河系中各闸门开启调度进行了分析研究。徐祖信等（顾钰蓉，徐祖信，林清卫，2002；徐祖信等，2003）应用自动控制理论对明渠输送系统中的水流控制问题进行了研究，并将其应用于苏州河的治理，提出了综合调水改善苏州河环境质量的方案。刘庄等

(2003)研究了水利设施对淮河水域生态环境的影响,认为闸坝的存在以及闸坝的不合理调度,是造成水体生态破坏、自净能力下降和诱发突发性水环境污染事故的主要原因。黄伟等(2004)对感潮地区的引清调水进行了研究,提出了一种控制闸下冲刷的闸门调度方案,建立了引清调水水流水质模型。

在利用水利工程合理调度改善生态环境的实践方面,我国已经进行了一些有益的尝试,如为保证黄河不断流小浪底水电站进行的"弃电供水"调度;2002 年开始的引江济太调水试验,为控制珠江口咸水倒灌,珠江上游多级水库的联合调度;2005 年 12 月,由水利部、中国科学院和高校及美国自然遗产研究所等单位合作,在北京召开"通过水工程调度改善河流健康"方面的研讨会;2006 年 3 月,淮河水利委员水资源保护局和淮河水利委员会委托中国科学院有关科研单位,开展了"淮河流域闸坝对河流生态与环境影响评估研究";2006 年 12 月,国家自然科学基金委员会(NSFC)和日本学术振兴会(JSPS)联合资助的国际合作项目"淮河闸坝对河流环境影响与生态修复调控研究"。

近年来,我国水资源调度工作在实践发展中已呈现出 3 个较为明显的变化趋势,即从应急调度发展到常规调度,从单纯的水量调度到水量与水质的统筹考虑,从单纯服务于生产生活到为改善生态环境调水。整体上看,我国的水资源配置研究在世界上处于领先地位,但也存在一些不足,以前的研究成果主要针对水量进行调度,没有考虑不同用水户对水质的要求等。水质水量的联合配置和调度是今后的研究方向,包括研究基于流域水量水质模拟的水量水质联合调度模型、技术方法、影响评估及管理系统平台的建设等。在水量水质联合调度与调控方面,我国也陆续开展了一些研究,如从较早的西安市黑河分层型水库水量水质综合优化调度(1995)到近几年的上海市平原河网地区水资源调度改善水质的研究(2006)等。目前,有关机构和学术界日益重视水量水质联合调度与调控方面的研究与实践,相关工作正在推进过程中,很多河流和流域正在制订或实施相关的调度管理方案等。由于水量水质联合调度与调控远较单一水量调度与调控复杂,以往开展的研究和实践还是初步的,无论在理论、方法、模型与实践及管理等方面都与社会需要相差很远,急需加大研究力度。

流域水资源水量水质集成管理模型按模型分类可以分为优化模型、模拟模型、优化和模拟相结合模型以及决策支持系统四大类。水质水量联合调度改善水质关键技术研究不仅涉及水文模拟、面源污染负荷模拟、河道水动力模拟、河流水质模拟与预报、水库防洪、防污调度等方面的技术,而且与其他相关现代科学方法技术(如优化方法、信息技术等)密切相关。在水量水质联合调度改善水质关键技术研究的方法论中,从野外水文、环境观测,原始数据采集、处理和分析,到水量、水质的模拟和验证,再到水量水质联合调度的每一环节,都与现代高新技术尤其是空间信息技术的应用密不可分。以遥感和地理信息系统为代表的高新技术在水量水质联合调度改善水质关键技术研究中广泛应用,不仅大大提高了取得第一手流域系统信息的质量、效率,而且促进新思想、新理论和新方法的诞生。如遥感技术可以实时、动态地提供大量的下垫面空间分布信息,而 GIS 则可以提供与之相关的空间分析和数据管理技术,二者相辅相成,在很大程度上改变了流域系统研究的方式。随着计算机信息技术和数字技术的进步,在 GIS 技术的支持下,可以完成流域系统的水文、环境、社会经济等海量数据的管理、处理、分析和可视化表达,为流域水量、水质过程的数值模拟以及联合调度奠定了基础。

1.3 “十一五”水质水量联合调度研究进展

水量和水质是水资源最重要的二重属性，本书系统梳理水资源配置技术、水质数值模拟技术、水质水量联合模拟调控技术以及水质水量联合调控效果评估方法，系统总结辽河流域水质水量优化调配、北运河多闸坝河流水质水量联合调度等研究经验。梳理得到我国水质水量联合调控技术经验：水质水量联合调度是改善的手段，而联合调度涉及环境目标（水质改善）、社会目标（景观功能）、生态目标（生态基流）等不同需求，从流域整体尺度进行水环境改善和水资源利用的协调、统一，开展流域尺度上的多维调控技术研究，为流域水环境改善提供技术平台。归纳水质水量联合调控技术包括政府组织机构管理手段、社会参与手段及支持政府与社会管理的技术手段（见图 1-1）。

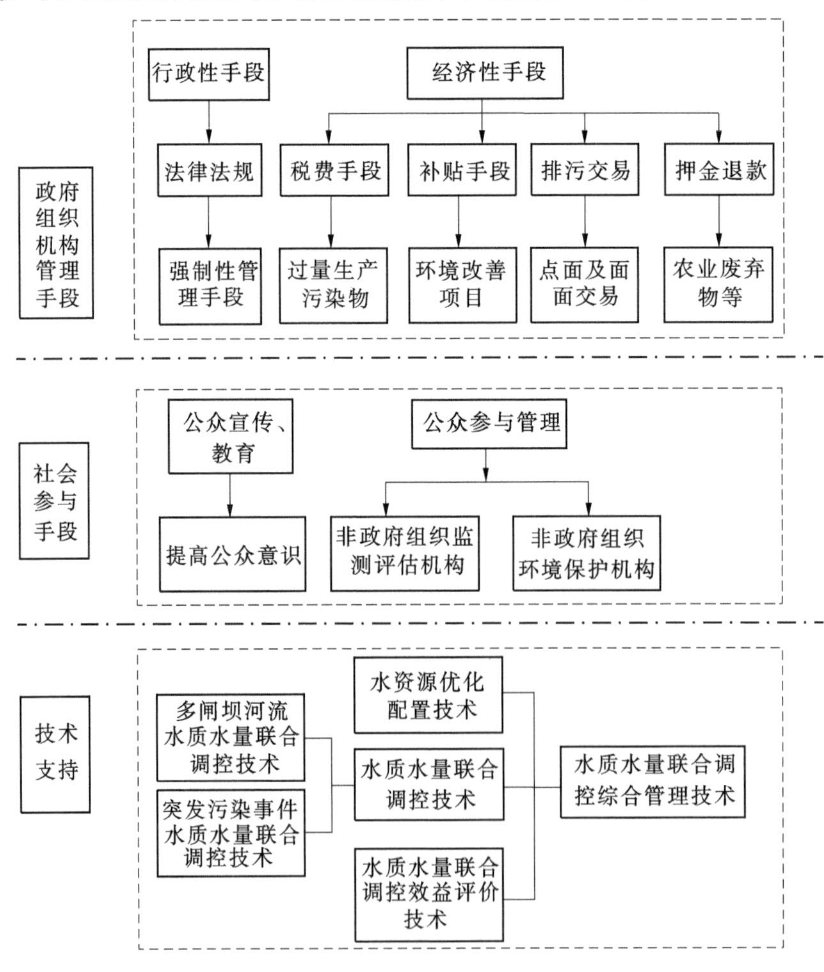

图 1-1　水质水量联合调控技术路线

1.3.1　水质模型

水质模型是用数学描述水体中污染物的迁移变化规律，它可用于水质模拟和评价、水体水质的预测、研究水体的污染与自净以及排污的控制、制定污染物排放标准和水质规划等，是实现水污染控制的有力工具。

水质模型按照不同的分类标准可分零维、一维、二维、三维模型；单水质指标、耦合水质指标和水生生态模型；稳态和非稳态模型等。其数学表达式则可以区分为微分方程、积分方程、代数方程、差分方程、微分－差分方程等。从描述的水体对象的不同，可分为河流水质模型、河口水质模型、湖泊（水库）水质模型、海湾水质模型、地下水质模型等。最早的水质模型是 1925 年在美国俄亥俄河上开发的斯特里特-菲尔普斯（Streeter-Phelps）模型，它是一个 DO-BOD 模型，之后，经诸多学者改进，逐步完善。

模型的参数估算不仅影响到所选模型模拟水质变量在水体中演化特征好坏如何，也反映了选用的模型结构是否适用。水质模型所用各种参数的值往往必须通过现场和实验室研究来确定，有时可以从文献中所载的信息近似确定它们的初始估算值。一个水质模型往往包含多个参数。采用多参数同时估值法，可以从模型的整体出发求得参数值，使水质模型的可靠性得以提高。在国内，早期的水质模型参数确定大多采用一些数学优化方法，如正交优化法、Bayes 理论、最小二乘估计法等，模糊数学方法兴起后，水质参数模糊估计方法也得到了广泛的推广，此方法主要是使模拟参数更加具有真实性、安全性和风险性的特征。到 20 世纪 90 年代中后期，遗传算法及其改进算法被越来越多地使用来进行最优化估值和确定模型中的各个参数，成为主导方法。

随着对河流水质问题原理研究的深入，水质模型软件被大量地开发出来，并广泛地应用于各个流域，取得了比较好的效果。水质模型软件基于不断发展和丰富的理论，并且能和降雨径流模型、土地覆被利用情况等联合起来进行水质水量联合调度以及提供水环境的全面修复方案。它们拥有友好亲切的界面，方便快捷地操作，并且具有灵活性，用户可以根据所用实际情况进行自主的修改。在研究河流与水库的水质问题时，模型软件的选择和采用取决于该项研究的目的与目标和该项模拟工作所要回答的问题。模型中各项假设的适宜程序也是选择各模型用于特定用途时的一项重要因素。当前比较有代表性的模型软件有 QUAL2E、WASP、SOBEK、CE-QUAL-W2、WQRRS 以及本书所用到的 MIKE 等。

水体污染是一个复杂的过程，水质变化既有基本的确定性规律，又具有很多不确定性的变化。对于控制变量、系统参数出现随机干扰，不确定性因子较多或变化过程难以在确定性模型中进行解析化表达以及水文、水质资料的不完全或人为误差而导致确定性水质模型无法正常使用时，不确定性理论的各种处理技术如模糊、神经网络和随机统计学方法等就表现出了较强的优势。因此，为了提高水质模型模拟精度与模拟结果的可靠性，深化对水环境本质的探讨，不确定性水质模型的研究具有重要的学科理论和实践意义，是目前和今后水质模型的前沿及热点问题。

1.3.2　水环境容量理论与实践研究

环境容量有天然环境容量、理想环境容量、可利用环境容量和最大允许排放量。理论上讲,只要存在天然水体,就存在对污染物的稀释和自净能力,也就存在水环境容量。目前有关水环境容量的理论研究方法比较多,但由于水环境的特殊性和污染物在水环境中降解的复杂性,限制了这些理论和方法在实际中的应用。

20 世纪 60 年代,日本和美国的水质规划中有了环境污染总量控制的概念。当时环境污染控制已由单纯的排污口治理进入到综合防治的新阶段,更加经济合理。为了适应水体不同季节不同用途对水质标准的要求,在满足水体的环境标准下充分利用其自净能力,美国将总量控制精确到季度,采用了季节总量控制方法。同时,美国有些州还实行一种"变量总量控制",以河流实测的同化能力来变更允许排放量,不同于根据历史资料为界定条件得出的固定的排污限量,这更能充分利用水环境容量。美国环保局于 1972 年最先提出 TMDL(Total Maximum Daily Loads,简称 TMDL)概念,即最大日负荷总量。污染负荷量可以表示为单位时间的质量、毒性和其他适合测定的指标。"从单项控制到综合整治,从浓度控制到总量控制,从定性管理到定量管理"是这一阶段环境管理的主要特征。

20 世纪 70 年代末,我国开始进行水环境污染总量控制的研究工作。"六五"期间,主要采用简单的数学模型,如稳态、准动态模型,算法采用简单的解析解;研究内容主要是耗氧有机物;研究空间大多局限在小河或者大河的局部河段,进行的研究对象有沱江等。"七五"期间,应用模型发展到结合自然与人工调控过程的水质 - 规划 - 管理模型体系,研究内容也从一般耗氧有机物和重金属扩展到氮、磷负荷和油污染,研究范围甚至扩大到水系层面,提出了容量总量控制的概念。应用实践上,陆续在长江、黄河等水域进行了水环境功能区划和排污许可证发放的研究。"七五"期间的工作构建了中国水污染物总量控制的初步框架。"八五"期间,《淮河流域水污染防治规划和"九五"计划》的编制,表明我国水质规划与总量控制研究工作已经进入政府领导下的有效实施阶段。"九五""十五"期间,进入到全面深化阶段,COD、氨氮排放总量控制指标相继正式被列为环境保护的考核目标。河流水系的水污染防治工作取得了卓越的成效。

总体来说,对污水排放总量的控制先后经历了浓度控制和目标总量控制阶段,这两种控制制度没有根据水体水质保护目标来控制污染物排放进入水体的总量,也没有解决污染物排放进入水体总量的点源分配问题,因此顺应时代的发展,容量总量控制阶段已经来临。水环境容量总量控制机制的建立,不但确保了总量控制计划和排污许可证总量核定的合理性和科学性,而且可以为区域工业布局、产业调整提供科学依据,同时也体现了容量是一种有价资源的新理念。

考虑未来水环境容量研究的发展方向,主要有以下几个:①加强对特殊类型水体的研究,如闸坝和冰封对河流水体降解能力影响的方式和程度,寻求合理的容量计算方法,并就如何避免污水团集中下泄开展理论研究;②加强非点源污染定量化研究;③发挥新技术优势,如计算机编程可大幅增加效率,GIS 技术可以明显降低大尺度区域容量测算的工作量,以及构建容量基础信息库等;④开展基于水环境容量的分区环境管理政策研究。

1.3.3　重点流域水质水量联合调控研究进展

"十一五"水专项有关水质水量调度的研究内容是根据流域水环境问题和示范河流特点设计,涉及 6 个项目中的 6 个课题,每个课题各有特点和侧重。

松花江项目的课题六“松花江河流水质安全保障的水质水量联合调控技术及工程示范”重点关注典型河流水资源可持续利用和针对环境风险控制的水质水量优化配置及调度方案；辽河项目的课题十“辽河流域水质水量优化调配技术及示范研究”重点研究辽河流域河流水质功能达标为导向的流域水量配置、库群调度及河流闸坝调控关键技术；海河项目的课题二“北运河水系水量水质联合调度技术研究与示范”重点针对城市化和半城市化复合流域河流再生水利用河流水量水质调控技术；淮河项目的课题七“淮河－沙颍河水质水量联合调度改善水质关键技术研究”重点关注闸坝高度控制河流水污染事件闸坝调控技术；东江项目的课题九“东江水库群调度与生态系统健康监测、维持技术研究与应用示范”重点研究流域供水水质安全保障及生态保护的梯级水库群生态调度模式；特殊类型河流项目的课题二“西北缺水河流水污染防治关键技术研究与集成示范”重点研究基于库群和地下水调度保障生态基流的技术。

1.3.3.1　松花江流域水质水量联合调度技术研究

首先，针对松花江流域现有研究在水量调控和水质模拟结合不够紧密，未能考虑人工－天然水循环系统之间的动态关系的问题，课题研究采用水量调控和水质目标控制分别按照水资源分区和河流水功能区进行控制的技术路线，建立二者之间的水量传输排放关系。同时，针对流域污染排放量大、水资源开发利用程度高、水环境容量不足的特点，从水循环及污染物迁移转化两个过程着手，提出了面向水环境增容的水资源配置与水量水质调控措施，以水环境功能区达标、增大水环境容量为目标建立水资源配置模型，根据达标状况，分别对用水量、工程调度方案、污水处理和污染控制措施进行反馈调整；从源头减排、过程控制和末端治理三个环节实现水量水质的联合调控，形成适合流域不同区域水资源条件和供用水状况的调控对策；从技术与管理层面支持松花江总体污染负荷控制，实现松花江水环境质量全面改善。

其次，通过对松花江干流水污染风险源、保护目标与调控措施的调查分析以及分类、分级，基于松花江干流水质水动力学模型，创新性地构建了面向水污染突发事件的基于规则的多目标、多工程、多时空尺度的“模拟—调度”耦合模型，开发了三维水质水量模拟与调度系统平台，为应急调度和决策会商提供了技术支撑，填补了我国流域级面向突发性水污染事件的水质水量耦合模拟与调度模型和系统的空白。该系统于2011年4月10日在松辽委水情分中心安装、调试，并开始了试运行，该项成果有效提高了松花江流域应对突发性水污染事件的管理水平。

最后，以松花江第二大支流牡丹江梯级电站群为对象，建立牡丹江水质水量模型，针对河流断流控制问题，提出了改善河流水质和水生态的优化调度方案，促进了水电开发和水环境保护的协调发展。

1.3.3.2　辽河流域水质水量联合调度研究

针对辽河流域水污染特征，开展了流域水质水量联合调查评价，在系统诊断流域水资源时空变化及水工程调控对流域水环境变化的影响基础上，以水质改善目标需求为重点，确定了辽河流域控制水文断面逐月生态需水量过程，提出辽河流域河流生态需水方案。将河流水质改善为导向的河道内生态需水流量纳入流域水资源优化配置研究，突破传统水资源配置过程中仅考虑河道内最小生态基流的不足，统筹考虑河道外社会经济发展、河道内水环境质量改善,实现了水资源多目标属性要求。

依据面向流域河流水质改善的水资源优化配置结果,在污染源控制的前提下,在辽河干流、浑河和太子河流域开展了考虑河流水质改善目标的水库群与闸坝联合调度方式研究。通过改进流域内大型水库的现行调度方式和闸坝联合运行方式,在满足防洪要求的前提下,优化河流干流的年内水量分配过程,利用水库的调蓄作用增加河道内枯水期水量,进而降低枯水期特征污染物浓度,改善枯水期的水环境质量。以流域水库群与闸坝联合调度方案为指导,建立了太子河示范河段库群闸坝联合调度模型,形成了示范河段库群闸坝联合调度方案,并与辽宁省水库及闸坝管理部门共同协商,对调度方案进行了概化,使其更具有可操作性,便于开展工程示范。

辽河水质水量联合调度示范工程位于辽宁省本溪市境内,示范河段全长78 km,示范工程包含观音阁、葠窝两座大型水库,关门山、三道河两座中型水库,以及河段区间12座拦河闸坝。课题与辽宁省省属相关厅局、当地相关单位完成对接,达成示范协议,并成立了示范工程管理小组,责任落实到人,完成了太子河干流本溪城市重点排污口段清淤及绿化工程,太子河本溪威宁桥以上至梁家段、卧龙至牛心台段、姚家段、团山子段生态护坡建设工程,示范河段内水库和闸坝泄流设备的维修改造工程,使得改造后的泄流设备能够符合调度方案示范调度需求。2010年开展了水库闸坝联合调度试验。2011年水质水量优化调配示范工作全面展开,观音阁水库通过电厂下泄满足下游河流水质改善的水量;同时制订了水质水量同步监测方案,方案包括监测断面、监测频次、监测项目等内容。示范监测结果显示,2011年河道流量保持在40 m^3/s以上,满足20 m^3/s生态需水量流量值要求,本溪水文站2011年流量比2007年(相对较枯年份)同期水量增加约4倍,比2006年(相对较丰年份)同期水量增加约1倍。2011年本溪站水质为Ⅱ~Ⅲ类,白石砬子除个别监测时间点(集中排污)氨氮浓度超标外,其余大部分时段控制在Ⅲ、Ⅳ类以内,水质相比往年同期有了较大好转。总体来说,太子河干流枯水期流量显著增大,河道内水质得到了改善。

在流域水质水量常态调度研究的同时,开展了太子河流域水污染突发事件应急水力调度技术研究。研究内容包括:太子河流域污染源识别分析、太子河流域水污染事件水力应急调度模型、太子河流域水污染事件水力应急调度预案。

为了便于流域水质水量优化调配运行与管理,研究建立了辽河流域水质水量优化调配信息数据库、辽河流域水质水量优化调配决策支持系统和太子河流域水质水量仿真模型系统。

在上述研究的基础上,归纳总结了《河流水质水量联合调度方案编制导则》、《辽宁省水库供水调度规定》和《辽河流域水质水量联合调度技术导则建议稿》,其中《辽宁省水库供水调度规定》已经以辽宁省政府令的形式颁布实施。

1.3.3.3 海河流域水质水量联合调度研究

针对流域水资源及水环境特点,以北运河流域为对象,以流域再生水为主线,形成了流域分质水资源状况调查评价技术体系,系统评价流域分质水资源开发利用特征,综合利用多源(社会经济、污染源普查、数学模拟)、多时期(枯水期、平水期、丰水期)等构建流域污染物负荷估算技术,揭示了流域内人口变化、三大产业变化、土地利用变化和再生水利用等关键人类活动对流域水资源质量影响,形成流域分质水资源评价技术。

在系统评估城市化、半城市化河流功能基础上，构建涵盖人工化程度，城市化程度，水质、水量和水生态功能指标的城市化、半城市化河流评价指标。以河流水质改善和水体功能达标为核心，在非常规水源补给条件下，明确城市化、半城市化复合流域河道生态需水量定义和基于分时段、分河段、分等级的思路，综合运用季节最低生态水位法、逐月保证率法、敏感物种生境需求法等确定不同恢复目标、季节、河段的河道生态需水，形成城市化、半城市化河道生态需水量计算方法，构建保障维持河道生态健康的生态用水的水资源配置方案。

基于流域地形、降雨、水系特征、水利工程等，结合流域闸坝调度需求（防洪调度、生态基流保障），开发流域径流预报和非点源预测、河道洪水演进和闸坝调控、污染物迁移模拟的水量水质联合调度系统，提出以保障防洪安全为前提，充分利用河槽调蓄能力尽量满足河道生态需水量要求；再以河道外需水和水质功能目标为约束的流域水量水质分时期的联合调度准则，提出闸坝调度模式，形成以北运河干流生态基流保障和水华爆发抑制为主要环境目标的流域水质水量联合调度方案。

研发了河流洪水管理技术体系，提出行洪排污河道洪水管理生态学原则和洪水综合管理模式及基于分期（近期、远期）、分阶段的闸坝生态调度准则和河流生态调度控泄方案，构建涵盖水量指标、生态指标、环境指标、水华爆发控制指标和防洪安全指标的水质水量联合调度评估指标体系。以水量水质联合调度平台为依托，提出主要闸坝生态调度方案。

1.3.3.4　淮河流域水质水量联合调度研究

国外类似淮河一类的高强度人类活动影响的重污染河流水质水量联合调度技术研究尚无研究范例。淮河水质水量联合调度研究，通过人工调控重污染河流的水质水量联合评价、预警预报和联合调度的先进技术与模型工具的创新，实现水污染控制技术与河流水环境系统调控结合，实现低环境影响利用与环境冲突协调。

基于流域污染团发生发展过程的系统监测分析，获得了流域水污染发展的新认识，针对流域水污染控制需求，完成了水质水量信息采集与传输系统建设。

以流域水循环为基础，结合闸坝及重要河流断面的空间分布划分计算单元，保持单元内河段的水功能区基本一致，在每个单元上采用时变增益产汇流模式模拟水循环的陆面部分（产流和坡面汇流部分）和水循环的水面部分（河网汇流部分），并在水循环的水面部分考虑闸坝群的影响，将闸坝群的运行过程嵌入单元汇流过程中，最终形成一套具有自主知识产权的开放式淮河流域分布式水量水质耦合模型。

基于水文、水利、工程、水环境监测等基础资料综合分析和分布式河流水质水量耦合模拟技术，建立了闸坝对河流水质水量影响的评价指标，并提出了综合评价技术方法，研究了闸坝调度的可能作用范围及对河流水质水量的调控能力，识别出需要统一调度的主要闸坝和重点闸坝，评估闸坝对河流突发污染事件（主要针对污染团下泄、重大污染事故）的调控能力。

针对淮河流域突发水污染事故的特点，基于层次分析法，构建了淮河流域闸蓄污水突发水污染事故风险评估模型。针对淮河流域雨洪特征，构建了由流域降雨径流（流域产流和汇流)、河道洪水演进、水库闸坝调控、实时校正等多模型组合而成的多闸坝河流突发水污染事件临洪预警模型集。针对淮河流域突发水污染事故污水团预警预报的业务需求,构建了由水情预报模块、水质预报模块组成的突发水污染事件应急预警模型。

研究确定了综合考虑防洪、防污和供水的多目标函数,详细分析了现有经验调度规则,确定考虑重点闸坝调控能力、水位、下泄流量、水量平衡、水质保护目标约束、水文—水动力—水质关系的约束条件,建立了闸坝群水质水量联合调度的数学模型。根据模型的特点,采用离散微分动态规划法(DDDP 法)进行求解,总结调度规律,建立各情景下的调度方案集。

利用 GIS 可视化技术和空间数据处理技术,开发了直观的多源信息交互工具,在三维 GIS 中植入虚拟现实模型,真正实现了水文、水质等模型计算过程的同步展现。在可视化技术开发、多源信息集成与管理、多模型耦合集成等基础上,完成了淮河流域水质水量联合调度系统及可视化平台的构建。

1.3.3.5 特殊类型河流流域水质水量联合调度研究进展

西北缺水河流的水质水量联合调度研究以我国北方污染缺水型河流问题的典型代表——渭河关中段为研究案例,针对该河段河道内生态用水严重不足及水质恶化和水生态系统退化等生态环境问题,重点突破其水资源合理调配难题,实现从单纯的水量调度到水量水质统筹考虑、从单纯服务于生产生活到从改善水环境角度出发,构建了由多目标函数及约束条件组成的渭河关中段生态基流保障与水质改善多目标调控模型,提出了渭河关中段水资源多目标调控规则,形成了不同水平年由各种可行的调控手段组合而成的调控方案集。通过综合分析渭河关中段不同水平年各调控方案各断面非汛期生态基流调控结果、水质改善结果,并综合权衡河道外用水损失,优选并推荐了不同水平年渭河关中段水资源多目标调控推荐方案。以渭河宝鸡段为示范河段,结合渭河宝鸡段实际资料和用户需求,开发了渭河宝鸡段生态基流保障与水质改善多目标调控软件系统。

黄河河套灌区水质水量联合调度技术研究以西北典型引黄灌区农业面源控制为目标,将 SWAT 和粒子群算法(PSO)耦合,构建了研究区域 SWAT-PSO 水质水量调控优化模型,其目标函数为污染物负荷和作物产量。优化模型以 SWAT 模型输出为依据,通过 PSO 寻求同时满足农田退水污染削减目标和作物产量目标的引水量、施肥和回灌方案的解集,形成了基于研究区域农田退水污染负荷削减目标,利用耦合模型分析了不同削减目标下的引水量、施肥和回灌方案。

1.4 “十一五”期间水质水量联合调度共性关键技术

通过梳理“十一五”期间水质水量联合调度相关课题取得的关键技术可知,在已取得的 27 项关键技术突破中可以归类为 6 大类关键技术突破:①河流水质时空调查评价与监控技术;②河流生态需水量评估技术;③流域水质水量耦合模拟技术;④基于水质改善为目的的流域水质水量联合调度技术;⑤水污染突发事件的应急调度预警预报技术;⑥水质水量联合调度决策支持系统。各关键技术见表 1-1。

表 1-1　“十一五”期间水质水量联合调度相关课题关键技术集

课题名	序号	关键技术突破
松花江流域水质水量联合调控技术及工程示范(王浩)	1	(1)寒区大尺度流域水质水量耦合模拟技术
	2	(2)寒区河流水质水量动力学模拟技术
	3	(3)基于水功能区的流域水质水量总量控制技术
	4	(4)农田面源污染水质水量联合调控技术
	5	(5)面向水污染突发事件的水库群联合调度技术
辽河流域水质水量优化调配技术及示范研究(李趋)	6	(1)流域河流生态需水量估算技术
	7	(2)流域河流水体功能改善的水量配置关键技术
	8	(3)流域水质水量优化配置仿真模型技术
	9	(4)流域保障河流水质改善的库群联合调度及闸坝调控技术
	10	(5)水污染突发事件水力应急调度预案制订关键技术
	11	(6)水质水量优化调度效果评估技术
北运河水系水量水质联合调度关键技术与示范研究(毛战坡)	12	(1)城市行洪排涝河流流域分质水量时空分异特征调查评价技术
	13	(2)城市化、半城市化河流生态需水量评估方法体系和计算关键技术
	14	(3)基于 3S 技术的河流水量水质联合调度仿真技术
	15	(4)河流生态适应性管理模式
	16	(5)河流生态需水量保障的水量水质联合调度技术
海河流域北运河水系水环境实时管理决策支持系统研究与示范(陈求稳)	17	(1)流域污染物入河源强模型
	18	(2)污染物迁移转化关键参数包
	19	(3)河流水质对入河源强响应模型
	20	(4)河流水环境承载力计算及负荷动态分配技术
	21	(5)流域水环境实时调控与决策支持系统
淮河—沙颍河水质水量联合调度改善水质关键技术研究(夏军)	22	(1)多闸坝河流水污染过程分析与监控技术
	23	(2)多闸坝分布式河流水质水量耦合模拟技术
	24	(3)闸坝对河流水质水量影响评价及闸坝调控能力识别技术
	25	(4)多闸坝河流突发水污染事件全过程预警预报技术
	26	(5)耦合风险分析的多闸坝河流水质水量多目标联合调度技术
	27	(6)淮河流域水质水量联合调度决策系统及可视化平台

1.4.1　河流水质时空调查评价与监控技术

水质调查评价是水质水量联合调度的基础和关键。多个课题集中关注本研究领域重点问题,突破了分质水资源评价的技术难题,形成了流域多水源补给河流分质水资源调查评价技术,完善了传统的水资源评价技术。通过开展多闸坝河流的水质试验研究与监控网络建设,进一步揭示了多闸坝河流水污染过程机制。开发多闸坝河流水污染过程监控技术,实现主要污染物的及时监控;完成监控系统建设,实现水质水量信息远程采集与快速输送。

技术的应用前景:分质水资源评价技术完善了传统的水资源评价技术,多闸坝河流水质监控网络可揭示多闸坝河流水污染过程机制,实现污染物实时监控与信息采集,为远程控制提供可靠依据,是今后水环境管理现代化的发展方向。

1.4.2　河流生态需水量评估技术

针对生态需水估算分区生态特征,按照先改善水质,后恢复水生态系统健康的顺序确定各分区生态需水估算目标;再以水文学法逐月估算各分区维持水生态系统基本生态功能、改善水质、恢复近自然水文节律以及维持河道水沙平衡等目标的生态需水值;然后采用外包法确定各分区逐月生态需水阈值。

基于城市化、半城市化河流生态水文过程和水生态诊断,提出了区别于自然河流的城市化、半城市化河流生态需水概念。以基础自净功能维持水量、河流生态最小需水量、景观娱乐维持水位的河流生态需水量基本内涵出发,明确了城市化、半城市化河流生态需水的分阶段保护目标:第一阶段恢复河流基本环境功能,第二个阶段恢复生物适合生存环境,第三阶段恢复河流生物多样性。结合河流分区生态系统功能和参数设定(鱼类适宜流速、富营养化抑制水力阈值等),提出具有分期、分区、分级特征的城市化、半城市化河流生态需水阈值和河流生态需水计算方法。课题提出的城市化、半城市化河流生态需水计算方法涵盖生态需水中的目标识别、计算、评估和整合的全过程,解决了非自然河流的生境恢复、物种保护和水体富营养化抑制等多目标需求下的河流生态需水估算技术难题,为分质水资源调控提供理论基础及科学依据。

技术的应用前景:河流生态需水量评估技术是近年来困扰河流生态保护工作的技术难题,本研究克服了传统的定比例切割等方法与实际脱轨的缺陷,遵循水文节律,综合考虑河流的基础自净功能维持水量、河流生态最小需水量、景观娱乐维持水位的河流生态需水量基本内涵,从自然河流与城市化、半城市化河流多方位出发,解决了自然和非自然河流的生境恢复、物种保护和水体富营养化抑制等多目标需求下的河流生态需水估算技术难题,为今后我国河流生态需水量评估提供了一套科学合理的技术方法。

1.4.3　流域水质水量耦合模拟技术

水质水量耦合模拟技术是水质水量联合调度技术体系中的核心技术之一。各课题均有本专题研究成果。各成果技术亮点综合起来包括:①分布式水文模型与流域水质数值模型耦合模拟技术;②水量水质模型耦合及系统集成技术;③流域分布式水文-非点源模型、河流-水库水量水质模型和水工程水力模型等耦合技术。

技术的应用前景:水质水量耦合模拟技术是当前水环境模拟技术的热点和核心技术,多种水文、水动力、点源、面源水质模型的耦合模拟技术的开发和应用,为水质水量联合调控提供了再现河流水质实时动态变化的技术支撑。本套技术的成型为我国今后河流水质水量耦合模拟提供了全方位的技术参考。

1.4.4　基于水质改善的流域水质水量联合调度技术

建立了生态用水保障的辽河流域水量优化调度模型,基于大系统分解协调理论,利用遗传算法求解流域多目标优化调度模型;基于 GIS 技术和三维可视化技术,集成流域水量水质联合调度模型、数据库、水量水质联合调度评估模块等,构建了河流水量水质联合调度仿真系统。

技术的应用前景:基于水质改善的流域水质水量联合调度技术是"十一五"水专项河流主题重点产出成果之一。本技术在"十一五"期间"一江三河"及南水北调、西北特殊水体水环境治理中起到了重要作用,"十二五"期间将以本技术为基础,深入开展水质水量及水生态联合调度的研究与应用,"十三五"期间将继续在全国范围内推广应用。

1.4.5 水污染突发事件的应急调度预警预报技术

研究成果集水污染突发事件应急调度基础数据库建设、流域污染风险源识别、水污染突发事件预测模型、水力调度模型、应急调度预案、水力应急调度决策支持系统为一体。针对流域突发水污染事故污水团预警预报的业务需求,构建了由水文模块、水动力 - 水质耦合模块组成的突发水污染事件应急预警模型,快速模拟预报洪水、突发污染事件,提出应急调度、预警、预报等信息。

技术的应用前景:伴随着我国近年来频发的突发性水污染事件,水污染突发事件的预警预报技术越来越得到重视,各地积极准备应对突发性水污染事件的应急措施,其中预警预报技术是应急管理措施的一项核心技术。本专题研究结果将为我国风险应急管理提供一套快速应急计算、模拟、预报、预警技术体系,将提高各地应急管理能力。

1.4.6 水质水量联合调度决策支持系统

各相关课题最终均开发了嵌套流域水质水量联合调配数据库、模型库、方案库、辨识系统及具有良好人机交互界面的面向对象的决策支持系统,辅助决策部门制订水质水量联合调度方案。各决策支持系统突出了可视化界面、人机交互友好、实时监控、预警、预报、调度、决策支持等功能,是水质水量联合调度各项功能模块的集合总装与展示管理平台。

技术的应用前景:决策支持系统技术的日趋完善为水质水量联合调度技术的具体应用搭建了平台,为管理部门的灵活应用提供了便利,作为水质水量联合调度技术的集成系统,是各涉水管理部门的最终应用终端,必将极大地促进各单位水质水量联合调度管理水平。

1.5 水质水量联合调度研究进展总结

1.5.1 水质水量耦合模拟技术的发展与进步

"十一五"水专项相关课题实现了河流水库多种水文、水动力、点源、面源水质模型的耦合模拟技术的开发和应用,为水质水量联合调控提供了再现河流水质实时动态变化的技术支撑。"十二五"水专项系统研究了流域范围河流干支流、水库、渠系复杂水系分布式水文、水动力、水质、水量耦合模型，突破了不同类型不同规模水利工程、不同时间尺度之间相互耦合嵌套调度计算难题，为流域不同情景不同组合方案的生态调度长系列变时段调节计算、生态调度方案优选等提供强有力的支撑平台。

1.5.2 水质水量联合调度技术的发展与进步

"十一五"期间，水专项相关课题构建了水质水量多目标优化调度模型，包括基于大系统分解协调理论、遗传算法多目标优化调度模型；构建了基于 GIS 技术和三维可视化技术，集成流域水量水质联合调度模型、数据库、水量水质联合调度评估模块等；构建了河流水量水质联合调度仿真系统。"十二五"期间，面向工程实际应用，构建了水质水量多目标联合调度工程化应用模型，面向输水水质安全、水力控制安全和保障水量需求的应急调控工程化应用模型，多维约束机制下的分质供水调控和长距离分段供水工程化应用模型；充分考虑生态用水需求，构建了面向水质改善和满足河流生态需水过程的水利工程生态调度成套技术。

1.5.3 污染源风险评估及水质安全诊断技术的发展进步

"十一五"前，河流湖库、排污口、重点风险源水质监测评价技术基本采用的是人工定期采样送实验室检测分析评价，定期发布评价结果的技术体系。"十一五"水专项中试点开发多闸坝河流水污染过程监控技术，实现主要污染物的及时监控；完成监控系统建设，实现水质水量信息远程采集与快速输送技术。"十二五"期间，松花江、辽河等流域实现了重要断面水量、水质实时自动监测，构建了水情、水质自动监测评价系统，为水质水量联合调度数值模拟提供了实时数据保障；信息接收终端扩展到了个人手机、PAD 等移动终端，手机已经成为管理者实时了解和管理河流水环境的重要工具。形成多参数无量纲的水质安全评价诊断技术，研发中线水源区、总干渠及东线江苏段输水干线污染风险源评估技术和水质安全诊断技术，构建污染风险源等级评估体系。构建水质安全评价数据库和应急调度处置启动判别条件，为实现水质水量联合调控自动化运行系统提供水质水量数字化技术支持。

1.5.4 突发水污染事件的应急处置技术的发展与进步

"十一五"期间，针对流域突发水污染事故污水团预警预报的业务需求，构建了由水文模块、水动力 - 水质耦合模块组成的突发水污染事件应急预警模型，快速模拟预报洪水、突发污染事件，提出应急调度、预警、预报等信息。"十二五"期间，在"十一五"研究基础上，建立水污染事件水质水量快速预警预案数据库，构建流域主要污染物指纹库，研究水污染溯源模拟技术，形成了完备的突发污染事件追踪溯源技术。

第 2 章　我国重点流域水质水量水生态联合调度现状与问题研究

2.1　松花江流域水质水量联合调控技术及工程示范

“十一五”期间，松花江流域开展了水质水量联合调控技术及工程示范课题研究，松花江流域水质水量联合调度关键技术如下。

2.1.1　寒区大尺度流域水质水量耦合模拟技术

开展流域水污染防治，需要弄清楚水的运动规律及污染物随着水分迁移的规律。本课题针对松花江流域地处寒冷地区、流域面积大、人类活动强、污染来源复杂等特点，创新性地构建了适合寒冷地区的大尺度流域分布式二元水质水量耦合模拟模型，对水循环及污染物迁移转化的全部过程进行了详细描述，有力支持了流域水污染水质水量总量控制研究与方案分析。具体创新如下：

(1)松花江流域地处寒冷地区，冬季时间长、气温低，形成的季节性冻土层和永久冻土层直接影响流域产汇流过程及其径流特征，本课题将冻土水热耦合模块内嵌到水循环模型中，实现了冻土冻结、融化过程及冻土存在条件下水循环过程的模拟。

(2)针对松花江流域面积大、人类活动强以及径流量年内丰枯不均等特点，改进了分布式模拟流域划分技术、人工用水模拟技术及动态参数分区技术，实现了对大流域“自然－社会”二元水循环过程及其枯水期径流的有效模拟，对于支撑水功能区设计流量的核定和水量调控方案的评价起到重要作用。

(3)在流域二元水循环模型的基础上，突破以往大多数流域水质模型仅适用于小流域的局限，以农田、小流域污染物迁移转化试验为基础，改进了多源复合污染物时空展布技术、基于流域二元水循环模型的污染迁移转化模拟技术，实现了与“自然－社会”二元水循环伴生的点面源污染产生、入河以及在河道、水库中的移流、扩散、降解、沉积、释放、取出过程。对于不同调控措施下省界、市界关键控制断面水量水质状况及污染物削减方案的评价起到重要支撑作用。

2.1.2　寒区河流水质水量动力学模拟技术

本课题针对松花江地处寒冷地区、干流河段长且具有树形河网拓扑结构、发生污染突发事件的污染物种类复杂等特点，创新性地构建了寒区河流水质水量动力学模拟模型，对污染突发事件发生后污染团到达及离开控制断面的时间、峰值浓度、污染团沉积和释放规律进行模拟，有力支持了污染突发事件发生后干流水利工程联合调度研究及方案分析。

具体创新如下：

(1)松花江流域地处寒冷地区，受冬季时间长、气温低等气候特点影响，河流存在长时间的冰封期，冰封期内河流水体中污染物迁移转化的动力学机制及水体自净机制与明水期具有不同的特点，本课题构建了冰封期河流水质水量动力学模型，实现了冰封期污染物的迁移转化过程模拟，有力支持了冰封期污染突发事件调控方案的分析。

(2)本课题研究的松花江干流河段总长 1 870 km，模拟的河段具有树形河网拓扑结构，且支流较多，动力学模型计算复杂，计算量大。针对松花江干流水污染突发事件应急管理的需求，首次从河流水系特征的角度，分别对明水期和冰封期构建了河网水动力与水质动力学模型，并运用三级联解法求解模型中的水动力参数和多个水质变量参数，克服了超长河流、树形分叉河流模拟计算的复杂性问题，能适应突发污染事件应急调度实时、快捷、准确的要求。

(3)松花江是具有极高污染风险的河流，常规污染物和非常规污染物都有可能形成重大污染事故。通过分析具有重大污染风险的各种污染物的物理化学性质，以 COD、NH_3—N、TP 和硝基苯等污染物作代表分别构建河流水质水量动力学模拟模型，涵盖了不同性质的污染物，能模拟预测各种不同污染突发事件发生后污染团的运动规律，支持水污染突发事件的应急调度方案的提出。

2.1.3　基于水功能区的流域水质水量总量控制技术

针对松花江流域污染物排放量大，同时水资源开发利用程度高，水环境容量不足的特点，本课题从流域整体着眼，从水循环及污染物迁移转化两个过程着手，创新性地提出了基于水功能区的流域水质水量总量控制技术。针对水功能区的需求，将陆域减排和水功能区达标结合起来，将节水与治污结合起来，将控制取用水和控制污染物入河结合起来，可有效促进河流水环境质量的全面改善。该项技术创新主要体现在如下三个方面：

(1)树立了基于水功能区控制污染物排放总量的污染治理新理念。现有的水污染防治规划主要以达标排放为主，由于不同流域自然地理、社会经济特征均有很大差异，统一的废污水排放标准不能充分考虑河流的自然本底水文水质状况、水功能目标和流域内产业布局对水质的影响，应用到特定流域容易出现污染排放达标但河流水质仍然恶化的后果。本课题提出以流域水资源量作为纳污能力制定的控制性约束条件，以水功能区水质目标作为污染控制的技术依据，通过对未来用水和调度目标变化条件下的动态水量过程分析，确定合理的入河污染负荷控制总量，进一步制定与该流域水功能区相适应的污染物排放标准。

(2)树立了水质水量联合调控的理念。即以水循环为基础，结合用水和水量调配的影响分析河道水量过程，考虑不同行业的点面源污染负荷的产生、排放、迁移转化机制，以合理的水功能区达标率为目标，通过经济优化方式实现对不同污染治理方式和水量分配方案的效用比较，通过多层次的水量和污染负荷控制组合情景分析提出合理可行的总量控制方案以及控制策略。本项技术根据水功能区的要求，将污染减排和增加水环境容量结合起来，不仅控制污染物排放，减少污染物入河量，还要控制取用水量，调节河道径流过程，保证河流具有足够的环境流量，从水量和水质两个方面保证水功能区逐步达标。

(3)模型方法创新。本课题将宏观层面的水资源配置模型、污染控制模型与微观层面的流域水质水量耦合模拟模型结合起来,耦合分析各种水量分配及污染物排放总量控制方案的有效性和可行性。水资源配置模型可分析水资源在各个区域、各个行业、各个用户之间的分配和河道控制断面生态流量,污染控制模型可分析合理经济承受能力下各个区域、用户和行业的污染物排放控制与处理措施优化组合,流域水质水量耦合模拟模型可计算动态水量条件下的水功能区纳污能力和水量水质调控情景效果。通过组合多种情景并采用模型组合,分析各个水功能区的流量是否满足基本环境流量的要求,水质状况是否达到水功能区水质要求。

2.1.4　农田面源污染水质水量联合调控技术

在开展控制和治理农业面源污染方面可资借鉴的经验并不是很多。国外控制农业面源污染的经验主要是源头控制，国内由于对面源污染的认识程度、政府及行业管理部门的支持力度、科技方面的投入限制等因素,在面源污染控制、治理领域,基本处于零打碎敲的局面。

本课题针对松花江水稻灌溉用水和施肥量大、利用效率低的问题,通过大量的试验以及面源污染分析与评价,提出了农田面源污染“田间—排水沟渠—末端湿地”一体化治理技术。通过采用田间水质水量调控技术,控制面源污染“源”;通过采用“工程—生物—生态”相结合的方式,调控各级排水沟渠和末端湿地的水质水量过程,将排水沟道的土壤物理作用和生物降解功能有机结合起来,以控制面源污染“汇”。该方法将国内外农田面源治理技术与松花江流域农业灌区的特点相结合,是适合松花江流域的农业灌区面源污染治理一体化成套技术体系。关键技术突破和创新点如下:

(1)田间水质水量联合调控技术。通过大量的对比试验,研究提出了保证水稻产量不减少的前提下最优的施肥和灌溉制度,最大限度地减少农田污染物的产生和流出。在水稻生育期内,稻田田间施肥量控制 200 kg/hm^2(氮)、120 kg/hm^2(磷),在水稻泡田期、返青期、分蘖前期以及分蘖后期分 4 次施肥;田间灌水采用浅水间歇灌模式。通过控制稻田水层深度削减田间面源污染,通过降低田间污染物的浓度和排水量削减面源污染产生量。

(2)沟渠式湿地生态系统面源污染沿程削减技术。以钢筋混凝土挂钩桩仿拟垂直树桩,以土工格栅网仿拟木须根系,起到仿拟自然水岸树木根系保护退水渠道水岸稳定的作用。在土工格栅网内进行碎石填充,并以无砂生态混凝土封顶和覆土,种植挺水植物,充分发挥沟道土壤黏土矿物对污染物的吸附作用,水生动植物对污染物的吸收、移出作用,以及污染物自身的沉降、分解作用,沿程削减面源污染物浓度。

(3)末端湿地及退水干渠“水位—水量—水质”联合调控技术。采用“工程—生物—生态”相结合的方式,联合调控末端湿地乃至排水干渠的水质水量过程。通过提高末端湿地控制水位,扩大挺水植物区面积,增加芦苇湿地面积,末端湿地水位壅高的同时也抬高了排水干渠的水位,增加了干渠两侧的有效湿地面积,增强了水生植物吸收、转化灌区退水面源污染物的能力。

2.1.5　面向水污染突发事件的水库群联合调度技术

松花江干流具有尺度大、水污染风险点多、污染类型复杂、水文条件复杂多变等特点，通过对松花江干流水污染风险源、保护目标与调控措施的调查分析以及分类、分级，基于松花江干流水质水动力学模型，创新性地构建了面向水污染突发事件的基于规则的多目标、多工程、多时空尺度的“模拟—调度”耦合模型，并且开发了三维水质水量模拟与调度系统平台，为应急调度和决策会商提供了支撑，填补了我国流域级面向突发性水污染事件的水质水量耦合模拟与调度模型和系统的空白。主要技术突破和创新点体现在以下两个方面：

(1)通过水库群调度模型与河流水动力学模型的有机耦合，实现了全时段(冰封期、枯季、汛期)、任意地点、典型污染物(溶于水、浮于水和沉于水)的模拟和调度，包括模拟事发后各个控制断面污染物的浓度、水位和流量等的关键参数，准确预报污染团的运动速度、到达和离开关键控制断面的时间、峰值浓度，实现了多种水利工程联合调度方案下的干流超长河段水质水量全过程仿真，有力支持了面向污染突发事件的水利工程联合调度方案的提出。

(2)面向水污染突发事件的水利工程联合调度技术。以突发事件为对象，综合考虑防洪、供水、发电、航运等目标，按照“预报—调度—后评估—滚动修正”的思路构建了应急调度模型。该模型针对不同时期、不同水文条件、不同事发地点、不同污染物类型，基于水库、航电枢纽、引水工程、泡沼等水利工程的调度规则，以水动力学模型为基础进行多目标、多工程、多时空尺度的应急调度并给出推荐方案，形成松花江干流面向水污染突发事件的应急调度方案和措施库，支持水污染突发事件应急调度和管理。

2.2　辽河流域水质水量优化调配技术及示范研究

“十一五”期间，辽河流域开展了水质水量联合调控技术及工程示范课题研究，辽河流域水质水量联合调度关键技术如下。

2.2.1　流域河流生态需水量估算技术

(1)本研究主要针对高度人工调控河流水资源紧张、水环境恶化、栖息地持续受到破坏、社会经济用水与生态用水相争的客观事实，从流域生态水文过程入手，结合流域用水格局、污染物排放格局以及水工程调控模式，在综合国内外河道内生态需水估算方法的基础上，研究建立了适用于有限水资源条件下，在维持经济增长的同时能够维持社会期望目标的分区、分期河道内生态需水估算方法。

(2)生态需水分区研究以流域内水生态系统及其影响因素为研究对象，对水体及其周围陆地所在的空间单元进行的分类与整合，分区目的是为生态需水量研究的需要，作为生态需水目标确定及分区、分期生态需水估算的基础。生态需水分区是特征分区与功能分区的结合，综合反映水生态现状及流域管理的要求。

(3)太子河流域河道内生态需水定义为维持河流基本形态和基本生态功能的分区、分期的最小生态需水;对应的生态需水目标具有阶段性,其目标确定与太子河流域生态水文特征、水环境特征、水生态特征密切相关。在“十一五”阶段,生态需水的首要目标为改善水质,次要目标为尽可能恢复天然的水文节律,以保障太子河干流水生态系统基本功能的维持。

浑河流域河道内生态需水定义为维持河流基本形态和基本生态功能的分区、分期的最小生态需水。生态需水的首要目标为改善水质,次要目标为尽可能恢复天然的水文节律。

辽河干流区河道内生态需水定义为维持河流基本形态和基本生态功能的分区、分期的最小生态需水。生态需水的首要目标为改善水质,次要目标为保障辽河干流水沙平衡。

(4)太子河、浑河及辽河干流年生态需水量分别为7.81亿m^3、5.53亿m^3和6.43亿m^3,辽浑太流域总生态需水量为19.77亿m^3。太子河干流各站年生态需水量占年径流量的30%左右。浑河流域抚顺、沈阳及刑家窝棚断面年均生态流量分别占该断面多年平均流量的17.97%、23.40%、22.01%。辽河干流铁岭、毓宝台以及辽中断面年均生态流量分别占该断面多年平均还原流量的13.88%、14.03%、14.10%。

2.2.2　流域河流水体功能改善的水量配置关键技术

从流域供水安全和生态安全角度出发,依据《国务院关于落实科学发展观加强环境保护的决定》国发〔2005〕35号对辽河流域水污染治理提出的一系列新要求,利用新理念、新思路、新理论和新方法,通过理论探索和思想创新,分析和提出“辽河流域水资源优化配置技术方案研究”系列成果,不仅顾及了流域供水安全,而且考虑了河流水质改善,为保障辽河流域经济社会的快速、健康和可持续发展及生态文明建设提供了主要依据。其中主要创新性研究成果如下:

(1)以流域“自然-人工”二元水循环过程为基础,按照流域四级区水资源可利用量对国民经济耗水与生态环境耗水实施总量控制、按照节水型社会建设要求对用水效率实施控制等,确保流域水资源的“二元”良性循环和可再生能力,为严格流域取用水总量控制与定额管理、抑制水资源过度消耗和实现可持续利用奠定坚实基础。

(2)以改善河流水质为目标,按照河道内水生态、水环境与水景观、农业灌溉引水等流量要求实施河流断面流量过程控制,以满足水功能区纳污能力和入河污染物总量控制要求,确保实现河道外与河道内竞争性用水之间的协调,为确立水功能区限制纳污红线和维护河流健康、改善人居环境提供支撑与保障。

(3)以水质水量联合配置为主线,率先将流域“自然-人工”二元水循环过程互相耦合,构建了面向河流水质改善的水质水量联合配置模型,通过引进世界先进的Windows GAMS 2.50软件工具,开发了水质水量联合配置计算软件系统,研制了集数据库、模型库与人机交互界面等于一体的计算平台,为辽河流域面向河流水质改善的水质水量联合配置调节计算等提供强有力的技术支撑。

(4)基于流域“自然-人工”二元水循环过程和五大决策机制,利用所构建的面向河流水质改善的水质水量联合配置模型及开发的计算平台,在考虑关键控制断面河道内水生态、水环境与水景观、农业灌溉引水等流量约束条件下，通过长系列逐月调节计算，提出辽河流域水质水量联合配置系列成果。

研究成果在面向“三生”用水需求及水质水量联合配置理论技术及应用等方面取得了突破性进展，不仅率先构建了面向河流水质改善的水质水量联合配置模型和集数据库、模型库与人机交互界面等于一体的计算平台，而且首次全面提出了支持辽河流域可持续发展、供水安全和水质改善的水资源配置系列成果，为辽河流域合理开发利用和有效保护水资源、实行最严格的水资源管理制度提供了重要依据。

2.2.3 流域水质水量优化配置仿真模型技术

研究了辽河流域水文坡面过程和水体水质水量响应过程，提出了辽河流域水质水量仿真的理论架构，服务于库群闸坝联合调度方案的制订；根据辽河流域水质改善的库群闸坝联合调度技术需求，建立了辽河流域水质水量仿真模型系统，耦合了流域分布式水文-非点源模型、河流-水库水量水质模型和水工程水力模型等；分析了辽河流域社会经济、水资源利用、水利工程运行以及污染物排放与流域水质水量的定量耦合与响应关系，揭示了辽河流域库群闸坝联合调度对水质水量的影响过程及水质水量迁移变化规律；建立了流域调度方案实施效果动态仿真平台，实现了水质水量调度过程的水流场及污染物输移结果的图形化表达及三维场景的动态效果展示。

2.2.4 流域保障河流水质改善的库群联合调度及闸坝调控技术

结合流域水质水量仿真模型，根据辽河流域供水需求、可持续发展需求、防洪需求和水质改善需求，在充分明晰辽河流域调度目标、约束条件和流域用水过程的基础上建立了多目标优化调度模型；在充分考虑河道物理特性、社会经济、流域自然环境和生态等因素的基础上，构建了辽河流域水质水量联合调度预案辨识体系，运用层次分析模糊综合评价方法对调度预案进行全面的辨识评估；开发了嵌套辽河流域水质水量联合调配数据库、模型库、方案库、辨识系统及具有良好人机交互界面的面向对象的决策支持系统，辅助决策部门制订水质水量联合调度方案。

2.2.5 水污染突发事件水力应急调度预案制订关键技术

水污染事件具有突然发生、来势迅猛、在瞬间或短时间内排放大量的污染物质、起因复杂、难以判断、蔓延迅速、危害严重、影响广泛等特点。随着我国工农业生产和经济建设的迅猛发展，水环境污染突发事件不仅在发生次数上，而且在污染的危害程度上均有增加的趋势。本课题针对水污染事件的特点，开展了水污染事件应急处理关键技术研究。研究成果集水污染突发事件应急调度基础数据库建设、流域污染风险源识别、水污染突发事件预测模型、水力调度模型、应急调度预案、水力应急调度决策支持系统为一体，不仅体现了单项技术的创新，还体现了明显的集成创新。本技术研发取得的五项主要创新性成果为：①多层次目录式水污染突发事件信息数据库及管理系统；②流域污染风险源识别技术；③多闸坝河流水污染突发事件预报与调度模拟技术；④水污染突发事件应急水力调度决策支持系统；⑤多闸坝河流水污染突发事件应急预案体系。

研究主要形成以下四个方面的创新性研究成果：

(1)采用瓦片金字塔(pyramid)技术构建了面向辽河流域的水污染突发事件应急水力调度系统空间数据库,实现了多元动态空间数据与属性数据的无缝连接,实用、创新性突出。

(2)基于太子河流域水污染突发事件的特点,研发出了多闸坝河流水动力模型、水质模型、水力调度模型,并实现了动态耦合,为水污染突发事件应急水力调度管理提供了决策支撑。

(3)以三维 GIS 为平台,应用 KML 标记语言技术和动态纹理映射技术研发出了太子河流域水污染突发事件应急调控仿真管理系统,实用、功能性强。

(4)结合水污染应急处理数据采集的特殊需要,研制出了深水水温测定器、方框式水底淤泥样品采样器、水质监测取水罐,并提出了水污染突发事件水力应急调度编制导则。

2.2.6　水质水量优化调度效果评估技术

基于课题目标及示范河段关键经济及技术指标,在理论分析的基础上,提出了水质水量优化调度效果评估的技术方案,制订了示范河段水质水量调度及效果监测评估方案,构建了涵盖常规理化指标及生物响应指标的水质水量联合调度效果评估指标体系;依据评估技术方案,并基于示范河段的水质水量及生物监测调查结果,对评价示范河段联合调度实践的调度效果进行了评估,效果良好。

2.3　北运河水系水量水质联合调度关键技术与示范研究

"十一五"期间,北运河流域开展了水质水量联合调控技术及工程示范课题研究,北运河流域水质水量联合调度关键技术如下。

2.3.1　城市行洪排涝河流流域分质水量时空分异特征调查评价技术

针对流域多水源补给特征不清、河流影响因素众多等问题,以流域再生水利用为主线,研发了涵盖水资源量、水资源开发利用状态、水质和水生态环境、经济社会、流域管理等 9 项指标 18 个参数的流域分质水资源评价指标体系和评价方法(见图 2-1)。综合利用多源、多期、多类数据,构建了流域分质水资源数据库系统,涵盖流域地形、土地利用、社会经济等基础空间数据,水系、水利工程、径流、污染源、水质等基础数据等,形成了多元数据的统计、分类和共享的平台系统,实现流域基础数据的共享,为流域水资源和水环境管理提供基础平台。

在明晰流域天然径流、污水、再生水等补给特征的基础上,构建了涵盖水量、水质的流域分质水资源评价方法,探讨了水资源开发利用、产业结构、土地利用等变化与河流水资源质量、水量的响应关系,其中土地利用变化导致流域径流量增加 5% ~10%,洪水径流峰值增加 7% ~15%。回答了生态基流保障、工农业用水和决策部门关注的分质水资源

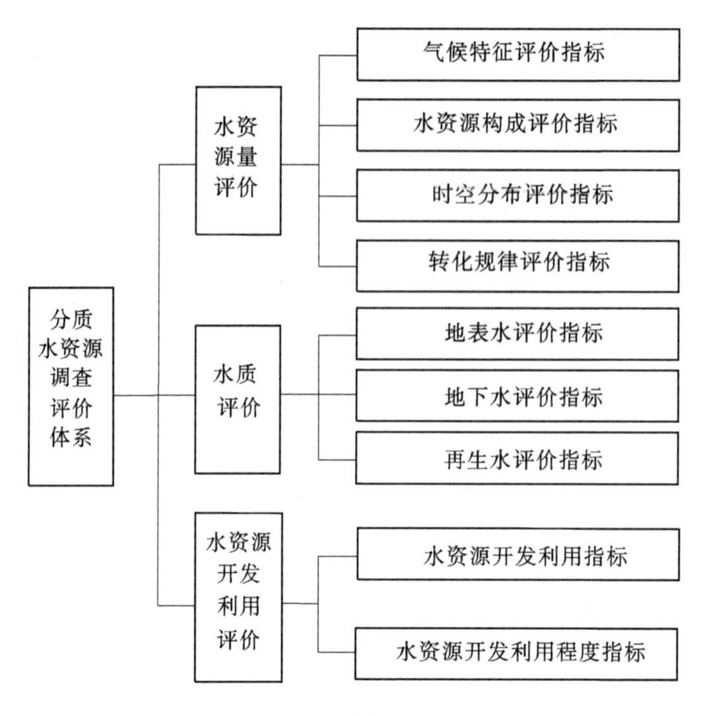

图 2-1　评价指标层次结构

时空分布特征，突破了分质水资源评价的技术难题，形成了流域多水源补给河流分质水资源调查评价技术，完善了传统的水资源评价技术。

2.3.2　城市化、半城市化河流生态需水量评估方法体系和计算关键技术

针对现有河流生态流量侧重与自然河流难以反映高水资源开发强度和高污染特征胁迫下的城市化、半城市化河流生态需求，基于城市化、半城市化河流生态水文过程和水生态诊断，提出了区别于自然河流的城市化、半城市化河流生态需水概念。从基础自净功能维持水量、河流生态最小需水量、景观娱乐维持水位的河流生态需水量基本内涵出发，明确了城市化、半城市化河流生态需水的分阶段保护目标：第一阶段恢复河流基本环境功能；第二阶段恢复生物适合生存环境；第三阶段恢复河流生物多样性。结合河流分区生态系统功能和参数设定（鱼类适宜流速、富营养化抑制水力阈值等），提出具有分期、分区、分级特征的城市化、半城市化河流生态需水阈值和河流生态需水计算方法。课题提出的城市化、半城市化河流生态需水计算方法涵盖生态需水中的目标识别、计算、评估和整合的全过程，解决了非自然河流的生境恢复、物种保护和水体富营养化抑制等多目标需求下的河流生态需水估算技术难题，为分质水资源调控提供理论基础及科学依据。河流生态需水量评估方法体系和计算关键技术见图 2-2。

2.3.3　基于 3S 技术的河流水量水质联合调度仿真技术

基于 GIS 技术和三维可视化技术，集成流域水量水质联合调度模型、数据库、水量水质联合调度评估模块等，构建了以再生水优化配置、闸坝优化调度为核心的流域水量水质

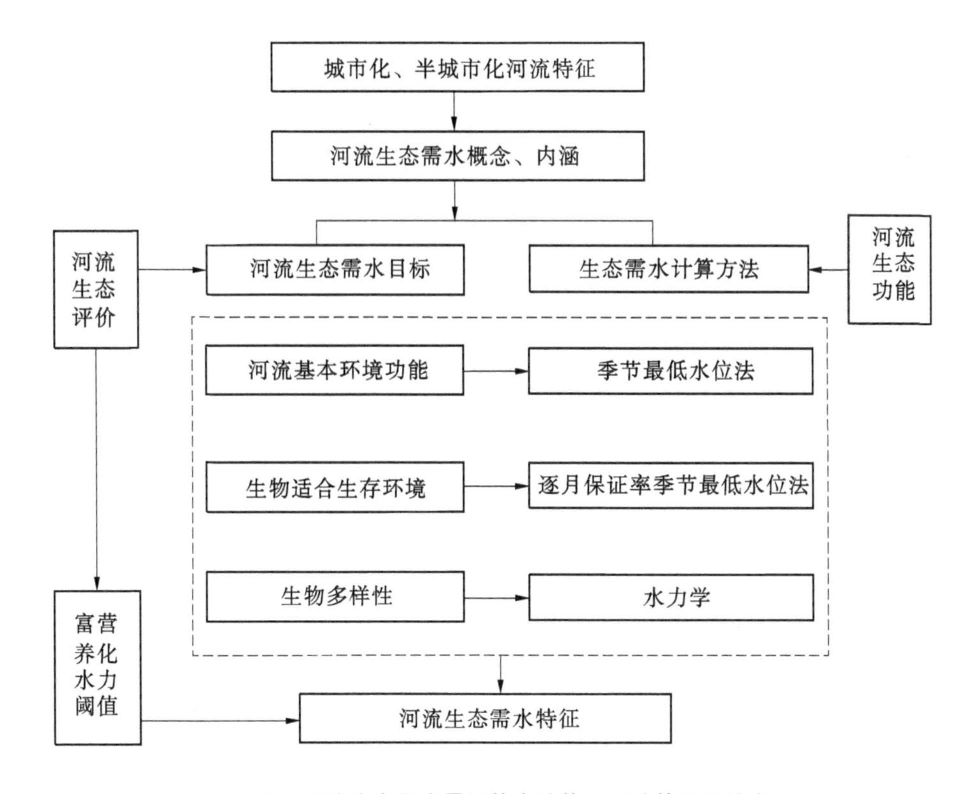

图2-2 河流生态需水量评估方法体系和计算关键技术

联合调度决策支持平台,实现流域二、三维空间数据联动和水文、水质和闸坝模型的有机集成,形成了具有适应规划、预案生成、模拟预测、评估分析和辅助决策功能的决策系统平台(见图2-3)。该平台能够反映不同调度方案下的水环境响应过程和水量水质调控的多目标效果,可提供情景设计、模型驱动、成果查询、发布和演示等基本功能,实现了分质水资源的水量水质联合调度的定量评估、动态预测、分级预警等专业功能,有效提升了北运河流域水质改善决策支撑能力。本成果在北运河流域通州示范区域得到应用,系统具有良好的兼容性、通用性,也可以应用其他类似区域。

2.3.4 河流生态适应性管理模式

针对河流生态基流难以保障、闸坝调度侧重防洪调度及水量水质调配不平衡的难题,以水量平衡为原理,以河流生态基流保障为目标,构建流域分质水资源配置模型和方案评价模型,提出防洪安全约束下的流域多水源配置方案和基于分期(枯水期、平水期、丰水期)的闸坝生态调度准则和生态流量控制指标,形成流域、河流、闸坝等不同尺度相结合的多水源配置方案和闸坝生态调度方案,创新了多水源条件下的闸坝水资源调控理论和方法,加强了河流水资源和闸坝管理。

流域天然径流短缺且时空分布不均,夏季集中降雨的洪水量占全年地表径流量的70%以上,为充分利用流域洪水资源,通过对流域变化条件下的洪水资源特性、水利工程功能和运行特征分析与评估,从综合保障河流生态需水、水环境改善、湿地生态恢复和适

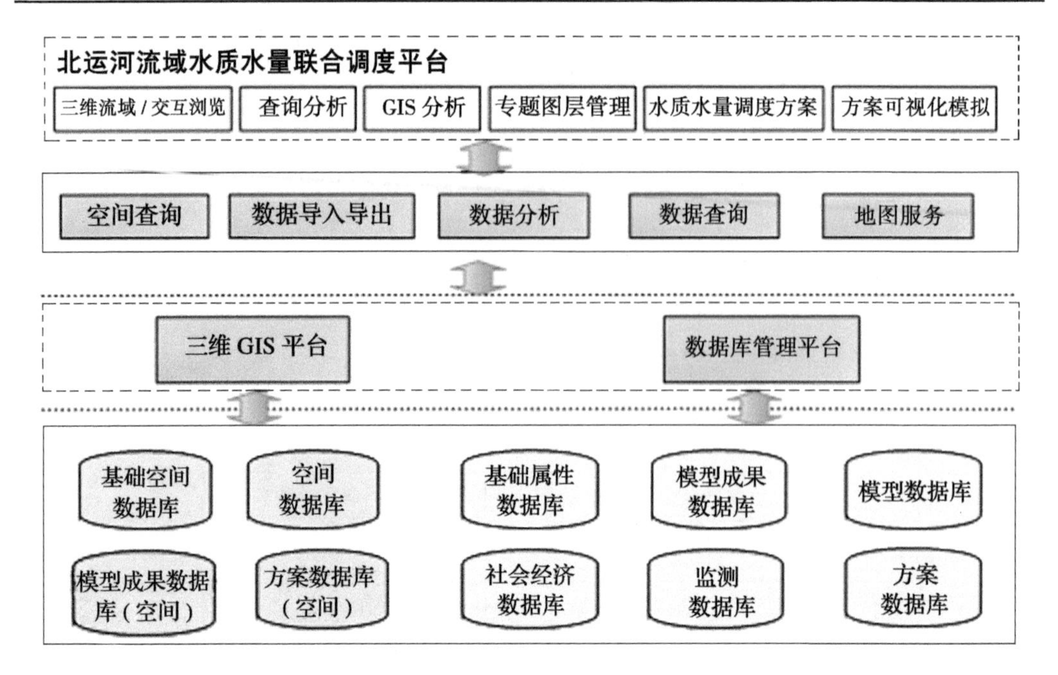

图 2-3 决策支持系统技术路线

度承担洪水利用风险等方面提出河流洪水管理模式和管理措施(工程措施、非工程措施),研发了复杂地形条件下的蓄滞洪区洪水演进模型和洪灾损失评估模型,提出蓄滞洪区洪水利用方案,形成集洪水资源评价、工程调控、风险管理于一体的流域洪水资源调控技术体系,完善了流域河流洪水管理模式。

针对北运河下游灌区的灌溉取、退水与北运河干流有良好的互动效应,存在作物灌溉定额大和非点源污染严重等问题,在国内率先开发了适合多水源(井水、河水)灌溉、短时段模拟的灌区分布式非点源污染模型,评价河水—污水、地下水—清水等不同灌溉方式下的非点源污染物输出特征,提出作物生育期采用小定额清污轮灌方式,小麦越冬、拔节期,夏玉米抽穗期进行污灌的农业清污灌溉模式,课题形成了适合多水源灌溉、短时段模拟的灌区非点源污染模拟技术和多水源优化灌溉技术,解决了水量水质管理的技术难题。河流生态适应性管理模式技术路线见图 2-4。

2.3.5 河流生态需水量保障的水量水质联合调度技术

针对目前闸坝调度主要关注防洪、较少考虑水质改善和生态基流需求,以及多水源调度等问题,课题以分质水资源高效利用为目标,集成了流域分布式水文模型、水量水质模型、多类型闸坝模型的水量水质联合调度模型系统。水量水质联合调度模型实现洪水演进、水量调度、水质模拟等多功能于一体,定量模拟不同调度方案下的河流水环境响应特征,揭示闸坝对次暴雨径流、生态基流调控下的河流水质—水文—水动力学的影响与可调控关系,实现闸坝调控的长短嵌套(次暴雨调度的小时调度、生态调度的 1 d 调度)、滚动修正(监测数据、模拟数据)、情景分析(实时预报、情境设计)、预案生成(闸坝调度、富营养化抑制)等功能,做到水量水质联合调度模型系统不同模块的有机耦合和无缝集成。

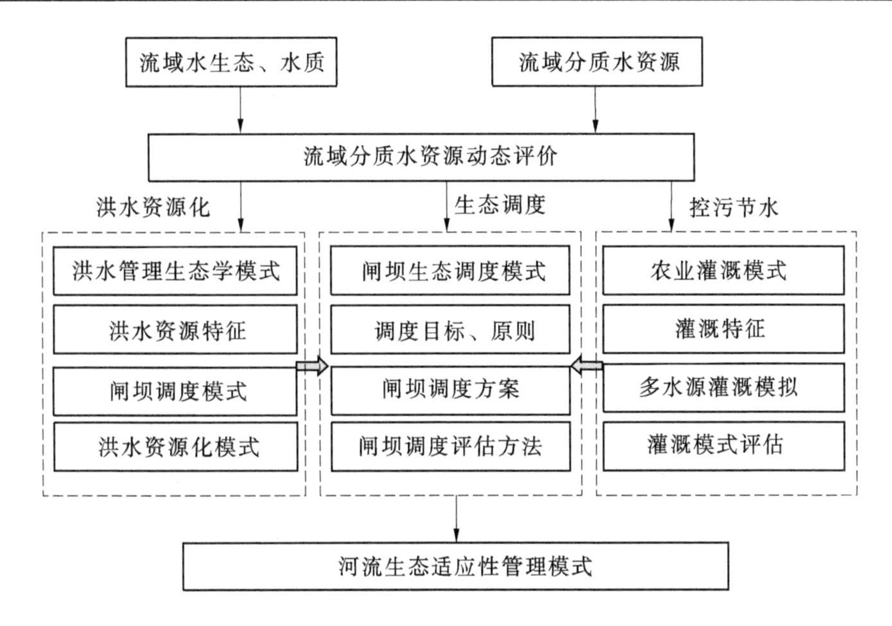

图 2-4　河流生态适应性管理模式技术路线

提出的水量水质一维、二维的嵌套模式，实现了复杂闸坝调控量质模拟耦合一体化计算，满足北运河主要闸坝次暴雨调度的防洪精度要求，解决了河流分质水资源调度模拟的技术难题，为定量化研究区域水量水质联合调度奠定了基础。水量水质联合调度技术路线见图 2-5。

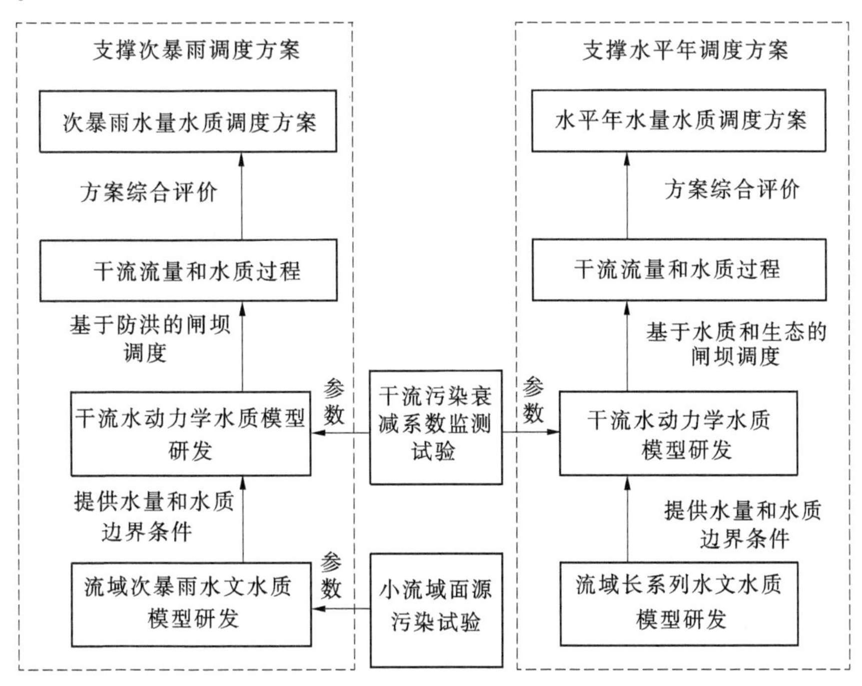

图 2-5　水量水质联合调度技术路线

2.4 海河流域北运河水系水环境实时管理决策支持系统研究与示范

“十一五”期间,海河流域开展了水质水量联合调控技术及工程示范课题研究,海河流域水质水量联合调度关键技术如下。

2.4.1 流域污染物入河源强模型

通过调查北运河流域郊区和城区的地表水文过程,建立了基于DEM的分布式水文模型;分析了点源及非点源产汇流过程,开发了点源及非点源产汇流模型,并确定进入河道污染负荷。

本子课题采用基于子流域的数字流域离散法,将北运河流域划分为56个子流域,对土地利用、土壤类型和气象资料的数据进行了处理,构建了林冠截留模型、蒸散发模型、产流模型和汇流模型,利用2004年和2005年榆林庄水文站的流量数据对模型参数进行率定,建立了北运河流域的分布式水文模型,为进一步模拟流域降雨径流过程对入河污染负荷的影响奠定了基础。

流域目标污染物入河源强模型结构示意图见图2-6。

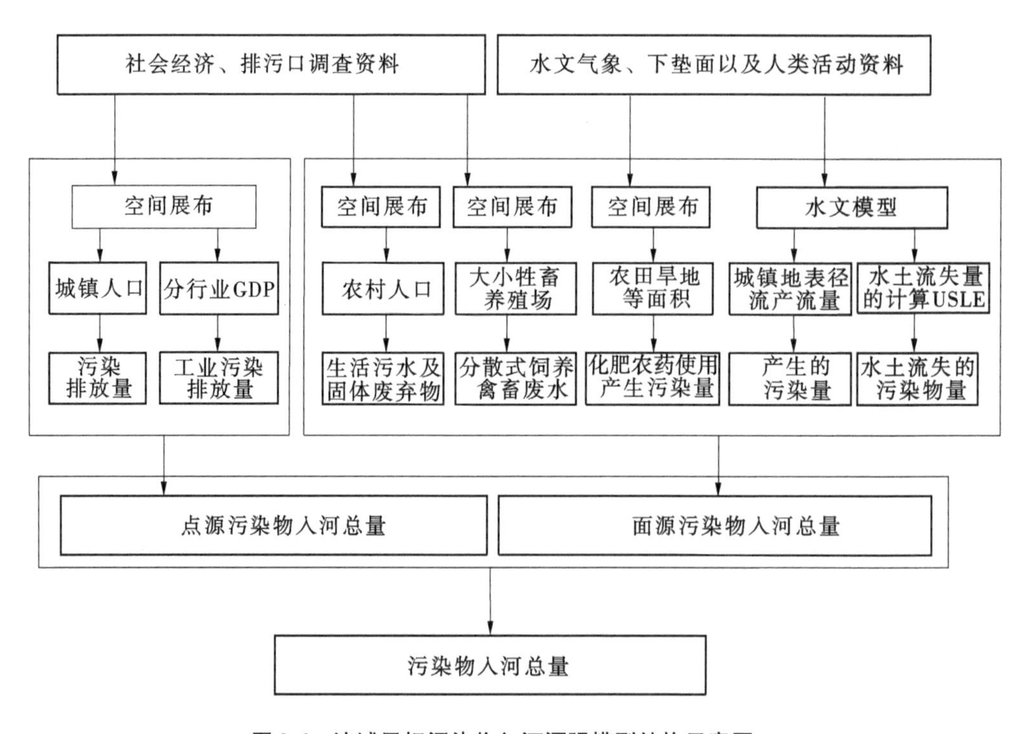

图2-6 流域目标污染物入河源强模型结构示意图

2.4.2　污染物迁移转化关键参数包

本部分研究内容掌握目标污染物在径流和受纳水体中的形态，确定氮和重金属不同形态下在水体中迁移转换过程参数和COD的降解系数，以及水环境条件对参数的影响。

2.4.3　河流水质对入河源强响应模型

建立了适合北运河水系一维、二维水质模型，解决了河道分叉、干湿交替、环状河网和闸坝运行的复杂水流计算难题，通过模型建立了北运河水质对入河源强的响应关系，为河流水环境承载能力计算和污染负荷削减分配提供了技术支撑。

2.4.3.1　河流一维水环境模型

将本研究的一维水质模型应用到海河北运河流域，对海河温榆河、北运河的水动力、污染物浓度进行了模拟和验证，为水环境容量的计算提供输入条件，并为进一步研究北运河水环境治理污染负荷削减方案的优化分析提供了基础。

2.4.3.2　二维水环境模型

为了估算北运河河道内污染治理措施对水质及相应的水环境容量的影响，本研究针对温榆河上的某些工程进行了模拟，包括龙道河生态治理河段、罗马西湖、东湖和龙道河下段生态治理河段。

2.4.4　河流水环境承载力计算及负荷动态分配技术

2.4.4.1　水环境容量计算模型

本研究采用基于线性规划的系统最优化分析方法，其基本思路是在水动力和水质模型的基础上，建立河段污染物排放量和控制断面水质标准浓度之间的动态响应关系，即$[G]\cdot[C]=[W]$，其中$[G]$为传递矩阵，$[C]$为浓度矩阵，$[W]$为污染负荷矩阵。以河流总排放污染负荷最大为目标函数，即$\max J=\sum_{i=1}^{n}W_i$，约束集为：各河段都满足规定水质目标；各河段容量约束，即每个河段都要有一个最小容量约束，即$[G]^{-1}\cdot[W]\leqslant[S]$，$[W]\geqslant 0$（其中$[S]$为水质目标矩阵），以满足进入河道的面污染源总量，进而运用最优化方法求解每一时刻河流水质浓度满足给定水质目标的最大污染负荷。该方法有自动化程度高、精度高、对边界条件及设计工况的适应能力强等优点，在河流水环境容量的计算中被广泛应用。

2.4.4.2　水环境容量的分配

根据《北运河干流综合治理规划环境影响报告书简本》中的相关数据，北运河的水量分配原则为生态优先，以供定需，统筹兼顾。分配方案为：根据通县站天然径流频率分析成果，分别选取50%、75%、95%典型年天然径流，加上北京市2020水平年污水量，除去通县站以上农业耗水量和北京市污水回用量，作为北运河水源。再根据核算的2020水平年北运河沿河的蒸发渗漏损失、生态系统需水量和灌溉需水量，进行水量分配。此处采用基尼系数法对水环境容量进行了分配，最终分配方案见表2-1。

表2-1　最终分配方案　　（单位：t/年）

河段	环境容量	可分配容量	最终分配容量
温榆河上段	2 573.0	5 139.76	2 573.0
温榆河下段	9 103.80	31 422.93	9 103.80
北运河	41 808.2	13 386.34	13 386.34

2.4.4.3　年均水环境容量及分配

根据产汇流模型模拟计算2008年北运河各支流及点源的流量以及COD、NH_3—N两种污染物的浓度值，计算了北运河水环境容量，并采用系统最优化的方法对其进行了分配，得出了一套合理的分配方案。具体计算及结果如下：

（1）北运河干流段COD、NH_3—N的容量为负值，这表明这两种污染物浓度值超过了水功能区划标准，而且从计算结果可以看出这两种污染物超标严重，需要削减的量较大。COD需要削减的量较大，为30%～50%。

（2）北运河干流段NH_3—N的水环境容量为负值，超标很严重，需要削减70%～90%，局部点源需要削减100%，几乎不可能。

（3）控制断面的选取对上述水环境容量的计算及分配有一定的影响，如最常用的断首和断尾控制法，它们对于水环境容量的计算结果有一定的影响，更确切地说，断首控制法计算的容量值会比断尾控制法的计算结果偏小，因此实际计算中应加以考虑。

2.4.5　流域水环境实时调控与决策支持系统

建立北运河流域水环境监测网络体系和数据库系统，将监测数据和北运河流域基础信息资料进行分类存储（见图2-7）；开发流域水环境模型与数据库之间的交互接口，实现数据库监测数据的动态读取和模型结果的存储功能（见图2-8）；开发流域水环境实时调控决策支持系统，实现流域空间定位查询和模型计算结果的可视化功能（见图2-9）；将监测网络、数据库、模型库进行集成，形成以监测网络为输入、数据库为载体、模型库为核心的水环境实时调控决策支持系统（见图2-10、图2-11）。

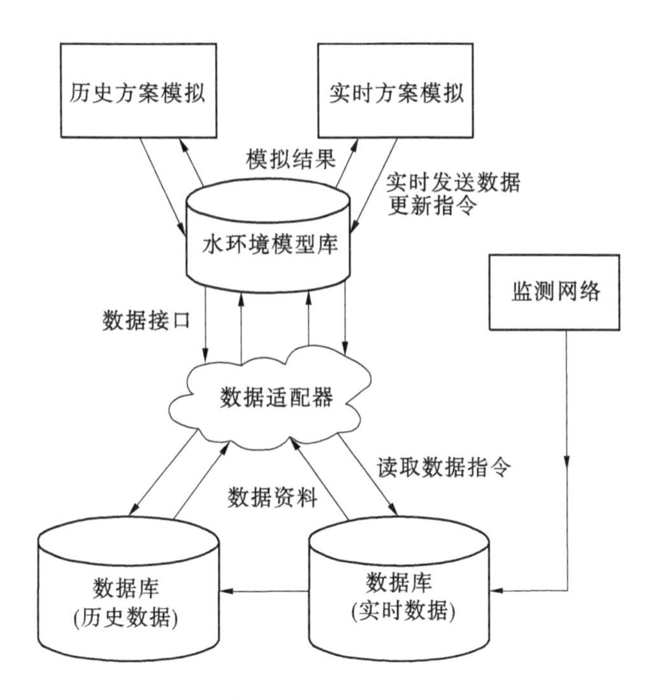

图 2-7　监测系统 - 数据库 - 模型库的数据流集成

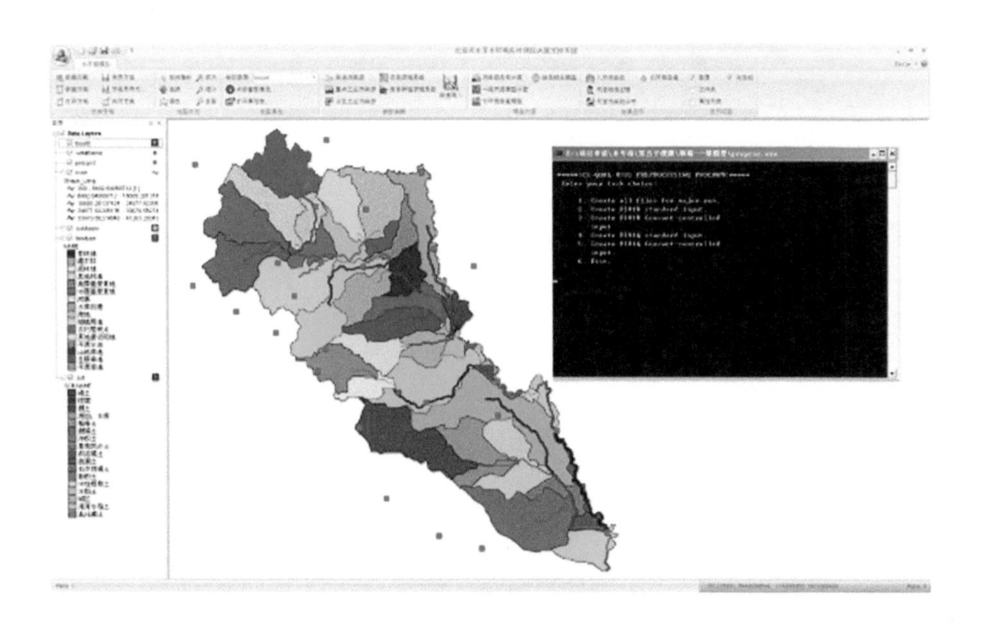

图 2-8　水环境管理系统数据库和模型库的链接

图 2-9　水环境管理系统

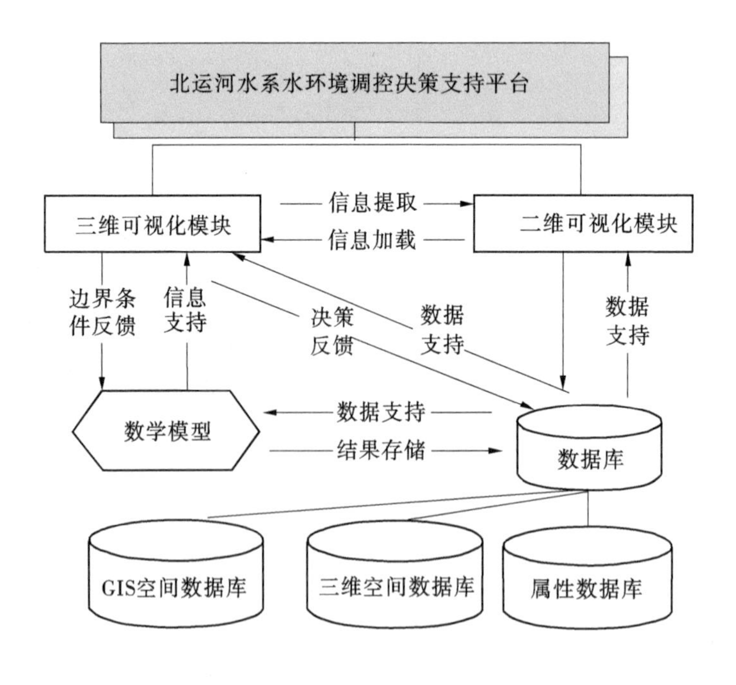

图 2-10　水环境调控决策支持平台框架

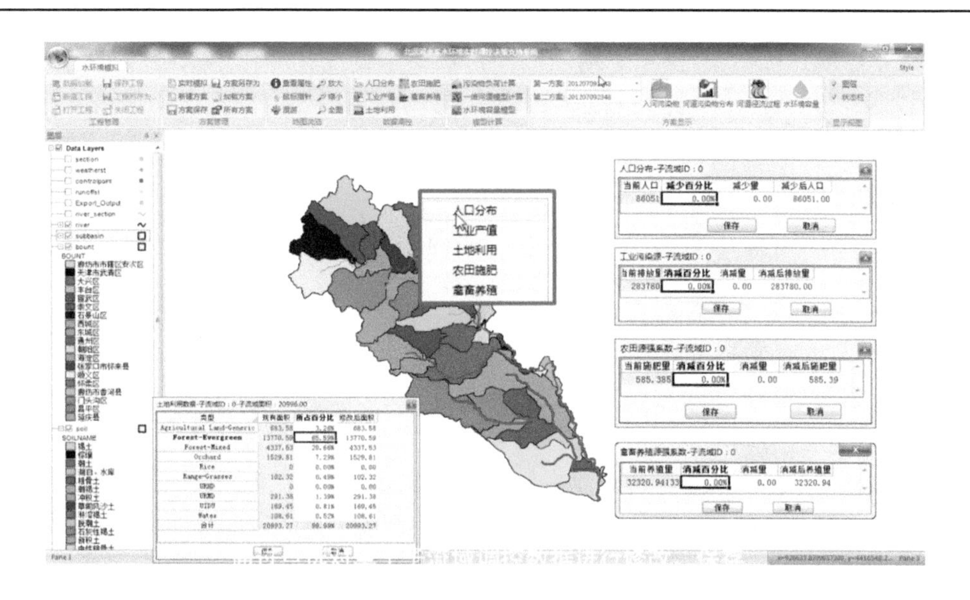

图 2-11　水环境调控决策支持系统实例

2.5　淮河—沙颍河水质水量联合调度改善水质关键技术研究

“十一五”水质水量联合调度相关课题之“淮河 - 沙颍河水质水量联合调度改善水质关键技术研究”，主要突破以下几方面的关键技术。

2.5.1　多闸坝河流水污染过程分析与监控技术

通过开展淮河—沙颍河多闸坝河流的水质试验研究与监控网络建设，进一步揭示了多闸坝河流水污染过程机制。开发多闸坝河流水污染过程监控技术，实现主要污染物的及时监控；完成监控系统建设，实现水质水量信息远程采集与快速输送。

2.5.2　多闸坝分布式河流水质水量耦合模拟技术

建立了嵌入闸坝群的分布式时变增益模型，攻克了多闸坝分布式河流水质水量耦合模拟技术难题，研发出具有自主知识产权的新一代嵌入闸坝群的分布式水质水量耦合模拟软件 DTVGM 。应用该软件，完成了单闸坝、多闸坝河流水质、水量变化特征和机制分析，揭示了淮河流域社会经济—水量—水质相互作用的规律，为淮河流域水环境管理提供了科学的支撑。

2.5.3　闸坝对河流水质水量影响评价及闸坝调控能力识别技术

构建了闸坝对水质水量影响评价指标体系，建立了不同来水条件和不同污染事故情景下闸坝群调度对河流水质水量综合影响评价方法；通过闸坝影响调控实验，研制了闸坝对水质水量影响调控模型，揭示了闸坝调控对水质水量变化的作用机制，建立了闸坝调控、入河污染负荷和河流水质变化之间的关系；对闸坝调控能力的概念和内涵进行界定，提出调控能力计算方法，进而给出在应对突发污染事故时研究区内可调度闸坝的识别准则，为闸坝群联合防污调度方案的优选提供支撑。

2.5.4　多闸坝河流突发水污染事件全过程预警预报技术

根据突发水污染事件的时序性特点，从事前预防和事后应急两个层面出发，构建了由事前防范预警（包括常态预警和临洪预警 2 个环节）和事后应急预警组成的多闸坝重污染河流突发水污染事件全过程预警预报技术体系（见图 2-12），为非汛期闸坝防污管理、汛初洪水期闸坝防污调度以及事后期应急响应提供全方位的技术支撑，以最大程度减少多闸坝河流以闸蓄污水集中成团下泄为典型的水污染事件发生的可能及事故损失。针对非汛期的闸坝防污管理，提出了以闸蓄污水成团下泄风险评估为核心的多闸坝河流突发水污染事件常态预警技术；针对汛初洪水期的闸坝防污调度，构建了由新安江降雨径流预报模型、经验降雨径流预报模型、马斯京根河道洪水演进模型实时校正技术组成的多闸坝河流突发水污染事件临洪预警技术；针对事后期的应急响应，研发了适应多闸坝河流水系－水情－水质特点的，以分块组合、一二维嵌套的水文－水动力－水质耦合数值计算模型为核心的多闸坝河流突发水污染事件应急预警技术。

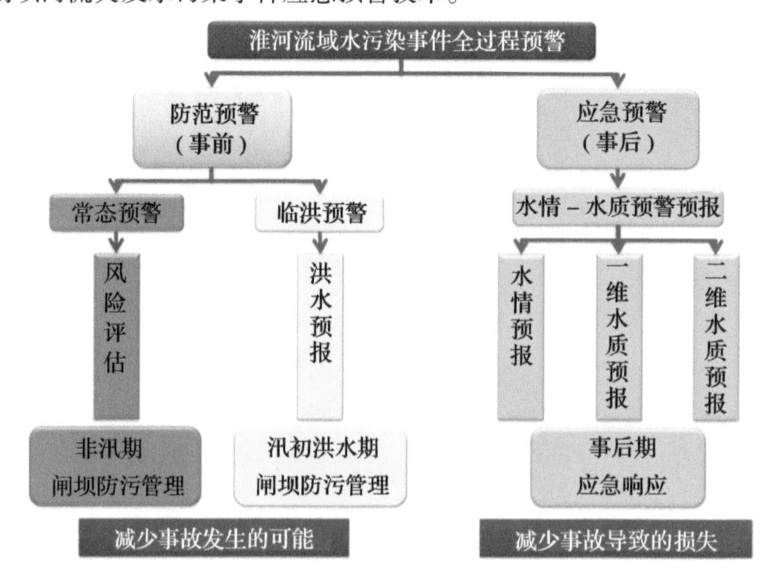

图 2-12　淮河流域水污染事件全过程预警技术路线

2.5.5　耦合风险分析的多闸坝河流水质水量多目标联合调度技术

在系统分析的基础上，从全局优化思想出发，确定了综合考虑防洪、防污和供水的多目标函数，构建了闸坝群现实调度及多目标联合调度模型，并基于大系统多维 DDDP 法研制出高效、精确的解算方法；从理论上提出了流域防污体系和防污标准的新概念，应用 copula 函数构建了水质水量联合调度风险率计算与流域防污标准分析方法；建立了综合考虑防洪风险、供水风险和水质超标风险的淮河水质水量联合调度方案的多目标模糊优选模型,实现了多个调度方案的风险决策排序。在上述理论模型的基础上,充分考虑淮河流域不同的水质水量时空组合情景,利用风险调度模型进行大规模的计算,分析得出淮河流域闸坝群水质水量联合调度三段法:

(1)枯水期或干旱季节,在不影响抗旱用水的前提下,充分利用淮河干流水环境容量,闸坝调度维持沙颍河、涡河污染水体小流量下泄,以减少污水团的蓄积量,为汛期防污、防洪调度留出库容。

(2)洪水期,在确保防汛安全的前提下,合理利用闸坝控制河道库容,延长下泄时间,尽量避免因污水团集中下泄引发的淮河干流水污染事故。

(3)汛末合理确定控制水位,多蓄水,以提高水资源利用量和水环境承载能力。

2.5.6 淮河流域水质水量联合调度决策系统及可视化平台

针对淮河流域多闸坝、河流水污染事件多发、防污防洪矛盾突出等特点,基于国产超图 GIS 平台和网络环境,采用 C/S 和 B/S 混合架构,构建了自主知识产权的多闸坝河流水质水量联合调度决策系统及可视化平台,实现集数据、模型、知识为一体的水质水量联合调度决策可视化系统平台,为有效降低河流水污染发生概率,提供重要的数字实验仿真平台。平台将水质水量联合调度涉及的基础地理信息与水利环保信息进行了多源数据转换和融合,实现了水质水量多源信息的集成管理;将流域分布式水文模型、河道水质水量模型、多闸坝联合调度决策模型进行在线耦合,解决了多尺度模型之间互动、数据交换及流程控制等技术难题,构建了基于模块化结构、开放式框架的水质水量联合调度模型集成系统;在三维 GIS 中植入虚拟现实模型,真正实现了水文、水质等模型计算过程的同步展现,使用户可以真实、直观的掌握污染水体迁移扩散等过程的变化、演进趋势,以及调度方案预演情况等,为快速生成水质水量联合调度方案提供技术支撑。

2.6 流域水质水量联合调度存在共性问题

2.6.1 基础资料仍然缺乏

在基础资料收集方面,由于收集到的基础数据不够完整并缺乏全方位实时监测数据的支撑,目前多数系统只能满足初步的业务化运行。同时,由于国家相关安全的规定,使用高精度的流域测绘数据、地形数据、高精度导航数据等受到限制,给水动力、水质的时空模拟带来一定的困难,模拟的精度一定程度上决定了应用的广度和决策支持的效力。另外,部分课题开展大量历史数据的分析汇总,但由于数据来源不同,有些数据的一致性和系统性难以得到有效保证,对研究结果的科学性带来一定不利影响。

2.6.2 突发水污染事件的生态影响模拟技术有待完善

在突发水污染事故的水环境生态影响分析方面,突发水污染事故的水环境生态影响分析是一个大尺度、多领域的问题，而且当前对生态影响分析的方法仍存在很大不确定性。

2.6.3　水环境风险控制系统推广存在困难

在水环境风险源管理信息系统方面，由于系统功能较为依赖于数据与模型物理文件，在多用户并发操作和事务处理的支持上难度较大，而且考虑到子课题研究对多用户并发处理机制的要求不高，目前系统暂不支持多用户同时访问和操作一套方案模型，距离广泛的大规模的应用于日常环境风险源管理上还存在一定差距，仍需补充完善水环境风险源管理数据库，进一步扩展系统的功能，建议在“十二五”期间进一步完善。在高风险河流污染控制与治理技术集成研究方面，由于集成的技术分别属于水污染控制技术、3S 技术、数据库技术等不同的技术类型，因此每一个类技术的集成技术方法不同。初步集成的基于高环境风险的风险管理技术及风险控制与污染物控制技术体系，需要随着各种新技术的不断研发而不断的补充和完善。

2.6.4　缺乏暴雨径流污染对河流水质水量调度研究

多数课题建立的流域水质水量联合调度模型系统根据水系状况、汇流特点、污染源入河格局等，建立了涵盖水域 - 入河排污口的水量水质响应关系，由于流域排水管网结构复杂、资料缺乏等因素制约，没有将流域排水管网单独考虑，难以全面揭示流域暴雨径流排放对河流水质的影响，需进一步研究水域、入河排污口、控制单元的水力联系关系，识别雨污分流和雨水处理等措施对河流水质的影响，为流域暴雨径流污染控制提供技术支撑。

2.6.5　水质水量联合调度管理决策支持系统运行维护机制缺失

在松花江水环境质量管理决策支持系统研究方面，该系统为各部门的水环境管理提供了初步的决策支持服务，但由于无法确定长期维护运行机制和经费保障，将会对系统的长期应用造成影响。因此，需要构建决策支持系统的运行保障机制，保障系统的更新与稳定运行。

第 3 章　水质水量联合调度课题实施效果评价

3.1　评价方法的选取

水资源危机与需水量日益增加的矛盾是区域乃至全球可持续发展的最大障碍。为解决由水资源时空分布不均导致的洪涝、干旱等灾害以及工农业生产和居民生活用水困难问题,国内外都把修建水利工程(水库、跨流域调水工程等)作为主要手段。水利调度的目的在于保障水利工程自身的安全、提高水资源的利用效率,以达到除害兴利的目的。主要方法是运用水利工程自身的蓄、泄、挡等方式,来起到对江河水流进行重新调节分配并且调节水位的目的。简单来说,水利工程的调度大致分为水库调度以及水闸调度等。水库优化调度研究旨在全面实现水库的综合效益,通过水库科学合理调度协调各部门用水要求。由于各用水目标的不确定性、未来入流的随机性以及水库容量的有限性,使其只能对随机入流起到部分控制作用。

目前,我国的水库调度主要是围绕防洪、发电、灌溉、供水、航运等综合利用效益所进行的。依据水库既定的水利任务和要求而制定的蓄泄规则,就是我们通常所说的水库调度方式。现行的水库管理制度和调度运行模式,主要是处理、协调防洪和兴利的矛盾以及兴利任务之间的利益。

对水库水力调度方案的评价一般多采用模糊综合评价法、贝叶斯方法、层次分析法等。对于"十一五"水专项水质水量联合调度相关课题成果,可借鉴水库水力调度方案评价的技术体系。

3.1.1　层次分析法

层次分析法(Analytic Hierarchy Process,简称 AHP)是美国著名的运筹学专家匹兹堡大学教授 TLSaaty 于 20 世纪 70 年代中期提出的,是将与决策总是有关的元素分解成目标、准则、方案等层次,在此基础之上进行定性和定量分析的决策方法。它是一种定性分析和定量分析相结合的系统化、层次化的评价决策方法,将评价者对复杂系统的评价思维过程数学化,在目标结构复杂而且缺乏必要的数据情况下更为实用。层次分析法的基本思路与人对一个复杂的决策问题的思维、判断过程大体上是一致的。由于它在处理复杂的决策问题上的实用性和有效性,以及原理简单且有较严格的数学依据,很快在世界范围得到了重视,被广泛应用于复杂系统的分析与决策。水库洪水调度决策是一个定性和定量相结合的过程。根据水库洪水调度决策的特点,运用层次分析法将专家的经验认识和理性的分析结合起来,并且直接两两对比分析,能使比较过程中的不确定因素得到很大程度的降低，从而使决策模型更易于使用。基本步骤如下：

（1）建立层次结构模型。在深入分析实际问题的基础上，将有关的各个因素按照不同属性自上而下地分解成若干层次，同一层的诸因素从属于上一层的因素或对上层因素有影响，同时又支配下一层的因素或受到下层因素的作用。最上层为目标层，通常只有1个因素，最下层通常为方案或对象层，中间可以有一个或几个层次，通常为准则层或指标层。当准则过多时，譬如多于9个时，应进一步分解出子准则层。

（2）构造成对比较阵。从层次结构模型的第2层开始，对于从属于（或影响）上一层每个因素的同一层诸因素，用成对比较法和1～9比较尺度构建成对比较阵，直到最下层。

（3）计算权向量，并做一致性检验。对于每一个成对比较阵计算最大特征根及对应特征向量，利用一致性指标、随机一致性指标和一致性比率做一致性检验。若检验通过，特征向量（归一化后）即为权向量；若不通过，需重新构建成对比较阵。

（4）计算组合权向量，并做组合一致性检验。计算最下层对目标的组合权向量，并根据公式做组合一致性检验。若检验通过，则可按照组合权向量表示的结果进行决策，否则需要重新考虑模型或重新构造那些一致性比率较大的成对比较阵。

层次分析法作为一种评价方法，其基本思路是评价者通过将复杂问题分解为若干层次和若干要素，并在同一层次的各要素之间简单地进行比较、判断和计算，得出不同替代方案的重要度，从而为选择最优方案提供决策依据。层次分析法的特点是：能将人们的思维过程数学化、系统化，便于人们接受；所需定量数据信息较少。但该法要求评价者对评价问题的本质、包含要素及相互之间的逻辑关系掌握得十分透彻。

运用层次分析法有很多优点，其中最重要的一点就是简单明了。层次分析法不仅适用于存在不确定性和主观信息的情况，还允许以合乎逻辑的方式运用经验、洞察力和直觉。层次分析法能够确定不同层次指标对不同因素的权重应用于综合评价中，使评价结果更具有客观性。

3.1.2 性能风险评价方法

水库优化调度研究旨在全面实现水库的综合效益，通过水库科学合理调度协调各部门用水要求。由于各用水目标的不确定性、未来入流的随机性以及水库容量的有限性，使其只能对随机入流起到部分控制作用。因此，运用水库常规调度和优化调度模型，分别确定水库调度策略，从水电站发电和下游生态需水的可靠性、可恢复性、脆弱性和防洪调度权转移风险出发，建立基于综合利用水库调度模型的调度性能风险评价指标体系。

水库调度性能风险评价的指标如下：

可靠性：是指在水库调度期内，计算时段满足需求目标的概率。

可恢复性：表示为独立的失效总数与总破坏次数的比值。

脆弱性：是衡量事故平均严重程度的指标，因此脆弱性为独立失效时段中最大破坏量之和与独立的失效总数的比值。

水库防洪调度权转移风险：在实际调度中水电厂需要接受防汛主管部门的监管及指挥，从而增加了水库在汛期防洪防汛调度的不确定性。

通过水库发电调度模型与调度性能指标评价方法，建立了水库优化调度风险评价模型，计算不同水库调度模式下供水与发电的可恢复性与脆弱性，定量评价研究水库防洪调度权的转移风险，结果说明优化调度提高了发电效益、发电可靠性和可恢复性，改善了生态供水的脆弱性，但是增加了发电脆弱性与防洪风险，对实际生产有何影响体现在某些时段发电破坏量更大，水电厂丧失发电调度掌控主动性和支配灵活度的时段更多。

3.1.3　基于模糊物元和墒权迭代理论的综合评价方法

模糊综合评价就是根据给定的评价标准，通过构造隶属函数，计算隶属度，进行模糊变换，按最大隶属原则确定评价对象优劣等级的一种方法。

水库调度具有很强的实践性，受调度目标、来水情况、调度者知识经验等众多因素影响，属于多层次、多目标、多属性决策问题。防洪调度侧重于汛期水库对天然来水的控制运用，确保防洪安全。而兴利调度则相对复杂，侧重于水库功能的发挥，既要保证水库汛期防汛安全，又要尽量减少无效弃水，合理控制供水，其主要任务为协调防洪与兴利、天然来水与用水等之间的矛盾，在确保水库枢纽、下游防洪安全和上游移民、征地高程以及库区水环境、下游河道基本用水等不受影响的前提下，合理控制运用水库的兴利库容，尽可能保证各部门用水利益，充分发挥水库的综合效益。由于水库兴利调度固有的复杂性，传统的优化技术难以达到预期目的，本书将研究重点转向对长系列兴利调节计算出的调度方案集（非劣解）进行合理性评价，基于模糊物元和墒权迭代理论建立多方案、多目标评价模型，从一些可行方案中决策最佳兴利调度方案。

基于墒权迭代理论和模糊物元法建立多目标水库兴利调度的综合评价方法。该评价方法不仅可直接确定评价目标的无偏好权重，还能根据可行方案综合贴近度大小决定最优方案。由于评价过程中隐含了水库兴利调度的特点及专家和水库管理人员的经验意见，因此有效地避免了评价目标权重及优选方案确定的人为偏好性。

根据待评价方案及评价目标，基于模糊物元墒权理论的兴利调度评价步骤如下：

（1）确定评价物元。根据水库调度方案及目标量值，确定 m 种方案 n 项特征目标（日供水量、起调库容、供水保证率、弃水率等）的复合物元 $S_m^* n$；

（2）对复合物元特征量值进行归一化处理，确定 m 种方案 n 项特征目标的复合模糊物元 $S_m^* n$；

（3）确定标准复合模糊物元，现取极优标准复合模糊物元；

（4）计算复合模糊物元与极优标准复合模糊物元特征量值之差的绝对值，得到距离复合模糊物元；

（5）基于熵权法来确定各特征目标权重；

（6）计算各方案的综合贴近度 H。

按照综合贴近度越大越优原则,确定各评价方案的优劣排序。由方案的排序和推荐的结果可以看出,方案评价过程中已隐含了水库兴利调度的特点和专家、管理人员的经验意见,评价结果合理、客观且符合实际。

3.2　评价方法设计

水质水量联合调度课题实施效果方法采用层次分析评价法、分级指标评分法,逐级加权,综合评分,即项目完成优劣度。指标体系采用目标层(项目完成优劣度)、准则层和指标层3级体系。

表3-1　水质水量联合调度课题实施效果评价体系

<table>
<tr><th>目标层</th><th>准则层</th><th>指标层</th></tr>
<tr><td rowspan="14">水力调控技术评价(A)</td><td rowspan="5">项目区工作难度(B_1)</td><td>(C_1)人口密度</td></tr>
<tr><td>(C_2)年平均降雨量</td></tr>
<tr><td>(C_3)人均水资源量</td></tr>
<tr><td>(C_4)水功能区水质达标率</td></tr>
<tr><td>(C_5)河长水质达标率</td></tr>
<tr><td rowspan="6">项目成果(B_2)</td><td>(C_6)论文</td></tr>
<tr><td>(C_7)专利</td></tr>
<tr><td>(C_8)著作</td></tr>
<tr><td>(C_9)关键性技术</td></tr>
<tr><td>(C_{10})成果是否被应用</td></tr>
<tr><td>(C_{11})人才培养</td></tr>
<tr><td rowspan="3">实施方案的完成度(B_3)</td><td>(C_{12})预算执行率</td></tr>
<tr><td>(C_{13})项目进度</td></tr>
<tr><td>(C_{14})示范工程完成度</td></tr>
</table>

在同一准则层下的各指标,按照指标值进行排序,根据顺序对指标赋分,分两种情况:①越大越好型,根据排序,从大到小依次赋分为100、90、80、70、60、50、40;②越小越好型,根据排序,从小到大依次赋分为100、90、80、70、60、50、40。有并列者按相应顺序赋分,以此类推。准则层得分计算公式为

$$B_j = \sum_{i=0}^{n} C_i W_{ji}$$

式中:B_j为第j个准则的评分值;C_i为第j个准则层下第i个指标的赋分值;W_{ji}为第j个准则层下指标i的权重。

水力调控技术评价评分公式为

$$A = \sum_{j=0}^{n} B_j W_j$$

式中：A 为项目总评分；B_j为第 j 个准则的评分值；W_j为第 j 个准则的权重。

综合评分权重见表 3-2。

表 3-2　综合评分权重

目标层	准则层	权重	建议权重
水力调控技术评价(A)	项目区工作难度(B_1)	W_1	0.4
	项目成果(B_2)	W_2	0.4
	实施方案的完成度(B_3)	W_3	0.2

注：表中 $A = B_1 * W_1 + B_2 * W_2 + B_3 * W_3$。

3.2.1　项目区工作难度

项目区工作难度权重见表 3-3。

表 3-3　项目区工作难度权重

准则层	指标层	权重	建议权重
项目区工作难度(B_1)	(C_1)人口密度	W_{11}	0.16
	(C_2)年平均降雨量	W_{12}	0.16
	(C_3)人均水资源量	W_{13}	0.16
	(C_4)水功能区水质达标率	W_{14}	0.26
	(C_5)河长水质达标率	W_{15}	0.26

注：表中 $B_1 = C_1 * W_{11} + C_2 * W_{12} + C_3 * W_{13} + C_4 * W_{14} + C_5 * W_{15}$。

3.2.1.1　人口密度

定义：流域范围内，单位面积人口数量。人口密度越大，造成的环境压力越大，工作难度越大。

3.2.1.2　年平均降雨量

定义：流域范围内，全年各区域平均降雨量。降雨量多，径流量大，有利于污染物扩散稀释，降低污染负荷。降雨量大小与工作难度成反比。

3.2.1.3　人均水资源量

定义：流域范围内，全部的水资源（包括地表水和地下水资源）除以流域内总人口数，即人均水资源量。

3.2.1.4　水功能区水质达标率

定义：流域范围内，水质达标的水功能区数量占所有水功能区总数的比例。达标率越低，越不利于工作的开展。

3.2.1.5　河长水质达标率

定义：水质达标河段的长度占总的河流长度的比例。达标率越低，越不利于工作的开展。

3.2.2　项目成果

项目成果权重见表 3-4。

表 3-4　项目成果权重

准则层	指标层	权重	建议权重
项目成果(B_2)	(C_6)论文	W_{21}	0.166
	(C_7)专利	W_{22}	0.166
	(C_8)著作	W_{23}	0.166
	(C_9)关键性技术	W_{24}	0.170
	(C_{10})成果是否被应用	W_{25}	0.166
	(C_{11})人才培养	W_{26}	0.166

注:表中 $B_2 = C_6 * W_{21} + C_7 * W_{22} + C_8 * W_{23} + C_9 * W_{24} + C_{10} * W_{25} + C_{11} * W_{26}$。

3.2.2.1　论文数量

定义:项目进展期间,所发表的学术论文数量,包括英文文章和中文文章。由于统计英文文章影响因子难度较大,这里只显示论文数量。(越大越好型)

3.2.2.2　专利

定义:项目进展期间,所申请的专利数量,包括实用新型和发明型专利。(越大越好型)

3.2.2.3　著作

定义:这里的著作包括专著书籍和软件著作权两项。软件著作权指的是软件的开发者或其他权利所有人,依据有关著作权法律的规定,对软件作品所享有的各项专有权利。(越多越好型)

3.2.2.4　关键性技术

定义:项目进程中,为了解决每个任务中所遇到的问题所开发的具有创新性的技术,是解决问题的关键。

3.2.2.5　成果是否被应用

定义:项目的一些创新技术或者专利是否被其他单位所应用。由于各项目所得成果被应用的数量表现不明显,以及应用单位数量未统计,所以只分两个等级。若有应用,得满分,未有被应用不得分。

3.2.2.6　人才培养

定义:在实施项目过程中,为了能更好地配合完成项目,招录一批人才并加以培养,包括技术骨干和研究生。(越多越好型)

3.2.3　实施方案的完成度

实施方案完成度权重见表 3-5。

表 3-5　实施方案完成度权重

准则层	目标层	权重	建议权重
实施方案的完成度(B_3)	(C_{12})预算执行率	W_{31}	0.34
	(C_{13})项目进度	W_{32}	0.33
	(C_{14})示范工程完成度	W_{33}	0.33

注:表中 $B_3 = C_{12} * W_{31} + C_{13} * W_{32} + C_{14} * W_{33}$。

3.2.3.1　预算执行率

定义:项目实施过程所花费的经费占预算经费的比例。(越大越好型)

3.2.3.2　项目进度

定义:项目进展程度。由于项目已结题,并不能对进展程度做过度的统计,这里分按时完成和延期完成两种。按时完成得满分,延期完成不得分。

3.2.3.3　示范工程完成度

定义:为了验证创新技术是否具有实际效益,建立一些示范工程,统计在项目结束时是否已经有成效。完成得满分,未完成不得分。

3.3　"十一五"水质水量联合调度相关课题评价示范

本书选取了"十一五"水专项中 7 项水质水量联合调度课题(见表 3-6),应用以上评价技术体系,对各课题开展了试评价。结果显示,"十一五"课题中,淮河项目评分最高。

表 3-6　水质水量联合调度示范课题名录

课题编号	课题名称
2009ZX07210 - 006	淮河 - 沙颍河水质水量联合调度改善水质关键技术研究
2009ZX07209 - 001	海河流域北运河水系水环境实时管理决策支持系统研究与示范
2009ZX07210 - 008	南四湖流域重点污染源控制及废水减排技术工程示范课题
2009ZX07212 - 002	渭河水污染防治专项技术研究与示范课题
2008ZX07209 - 002	北运河水系水量水质联合调度关键技术与示范研究
2008ZX07207 - 006	松花江流域水质水量联合调控技术及工程示范
2009ZX07208 - 010	辽河流域水质水量优化调配技术及示范研究

3.3.1　指标层数据整理

研究根据"十一五"各个课题结题材料,统计整理出各指标层相关数据,见表 3-7。

表 3-7　“十一五”课题各指标层相关数据

准则层	指标层	松花江流域水质水量联合调控技术及工程示范（2008ZX07207－006）			辽河流域水质水量优化调配技术及示范研究（2009ZX07208－010）			海河流域北运河水系水环境实时管理决策支持系统研究与示范（2009ZX07209－001）			淮河－沙颍河水质水量联合调度改善水质关键技术研究（2009ZX07210－006）			南四湖流域重点污染源控制及废水减排技术工程示范课题（2009ZX07210－008）			北运河水系水量水质联合调度关键技术与示范研究（2008ZX07209－002）			渭河水污染防治专项技术研究与示范课题（2009ZX07212－002）		
		任务指标	数据	完成率	任务指标	数据	完成率	任务指标	数据	完成率	任务指标	数据	完成率	任务指标	数据	完成率	任务指标	数据	完成率	任务指标	数据	完成率
项目区工作难度	排污入河总量（亿 m^3/年）		50.5			18.5			23.54			66.1						23.54			3.772	
	人均 GDP[元/（人·年）]		19 229			24 068			42 948						12 300			42 948			15 758	
	人口密度（人/km^2）		97			370			1 716			699			754			1 716			245	
	年平均降雨量（mm）		3 015			654.8			581.7			1 024			700			581.7			545.5	
	人均水资源量（m^3/人）		2 087.78			697.51			84.29			107			76.41			84.29			154.79	

续表 3-7

准则层	指标层	松花江流域水质水量联合调控技术及工程示范（2008ZX07207－006）			辽河流域水质水量优化调配技术及示范研究（2009ZX07208－010）			海河流域北运河水系水环境实时管理决策支持系统研究与示范（2009ZX07209－001）			淮河－沙颍河水质水量联合调度改善水质关键技术研究（2009ZX07210－006）			南四湖流域重点污染源控制及废水减排技术工程示范课题（2009ZX07210－008）			北运河水系水量水质联合调度关键技术与示范研究（2008ZX07209－002）			渭河水污染防治专项技术研究与示范课题（2009ZX07212－002）		
		任务指标	数据	完成率	任务指标	数据	完成率	任务指标	数据	完成率	任务指标	数据	完成率	任务指标	数据	完成率	任务指标	数据	完成率	任务指标	数据	完成率
项目区工作难度	水功能区达标率（%）		37			37			26			28.60			28.60			26			33.33	
	河长水质达标率（%）		31			40			35（三类以上）			23.30			23.30			35（三类以上）			34.04	
	排污口数量		1 201			414			803									803			338	

续表 3-7

准则层	指标层		松花江流域水质水量联合调控技术及工程示范（2008ZX07207－006）			辽河流域水质水量优化调配技术及示范研究（2009ZX07208－010）			海河流域北运河水系水环境实时管理决策支持系统研究与示范（2009ZX07209－001）			淮河－沙颍河水质水量联合调度改善水质关键技术研究（2009ZX07210－006）			南四湖流域重点污染源控制及废水减排技术工程示范课题（2009ZX07210－008）			北运河水系水量水质联合调度关键技术与示范研究（2008ZX07209－002）			渭河水污染防治专项技术研究与示范课题（2009ZX07212－002）		
			任务指标	数据	完成率	任务指标	数据	完成率	任务指标	数据	完成率	任务指标	数据	完成率	任务指标	数据	完成率	任务指标	数据	完成率	任务指标	数据	完成率
项目成果	论文		30	52	173.30%	30	30	100%	20	44	220%	20～30	62	248%		20		10～15	23	230%		234	
	专利	发明型		3		8	8	100%	2	5	250%	10以上	3	200%	5项以上	13	260%		2		20以上	25	125%
		实用新型		1									3			5						8	
	著作	软件著作权		1		2	4	200%	3	8	267%		17					5	5	100%			
		专著		4		2	2	100%		1		1～2	2	200%				1	3	300%		4	

续表 3-7

准则层	指标层		松花江流域水质水量联合调控技术及工程示范（2008ZX07207－006）			辽河流域水质水量优化调配技术及示范研究（2009ZX07208－010）			海河流域北运河水系水环境实时管理决策支持系统研究与示范（2009ZX07209－001）			淮河－沙颍河水质水量联合调度改善水质关键技术研究（2009ZX07210－006）			南四湖流域重点污染源控制及废水减排技术工程示范课题（2009ZX07210－008）			北运河水系水量水质联合调度关键技术与示范研究（2008ZX07209－002）			渭河水污染防治专项技术研究与示范课题（2009ZX07212－002）		
			任务指标	数据	完成率	任务指标	数据	完成率	任务指标	数据	完成率	任务指标	数据	完成率	任务指标	数据	完成率	任务指标	数据	完成率	任务指标	数据	完成率
项目成果	关键性技术		5	5	100%	6	6	100%		5		5	5	100%		5		5	5	100%	15	20	134%
	成果是否被应用			是			是			是			是			是			是			是	
	人才培养	骨干	20	32	160%		5												18			12	
		研究生	20	50	250%	20	22	110%	25	47	188%	12以上	23	192%	30	38	127%	8以上	18	225%	25以上	100	400%

续表 3-7

准则层	指标层	松花江流域水质水量联合调控技术及工程示范（2008ZX07207－006）			辽河流域水质水量优化调配技术及示范研究（2009ZX07208－010）			海河流域北运河水系水环境实时管理决策支持系统研究与示范（2009ZX07209－001）			淮河－沙颍河水质水量联合调度改善水质关键技术研究（2009ZX07210－006）			南四湖流域重点污染源控制及废水减排技术工程示范课题（2009ZX07210－008）			北运河水系水量水质联合调度关键技术与示范研究（2008ZX07209－002）			渭河水污染防治专项技术研究与示范课题（2009ZX07212－002）		
		任务指标	数据	完成率	任务指标	数据	完成率	任务指标	数据	完成率	任务指标	数据	完成率	任务指标	数据	完成率	任务指标	数据	完成率	任务指标	数据	完成率
实施方案的完成度	预算执行率（%）		98			98			82.06			91.36			95.85			96.21			62	
	项目进度		完成			完成			完成			完成			完成			延期			延期	
	示范工程完成度		完成			完成			完成			完成			完成			完成			完成	
	“十一五”验收打分																					

3.3.2　示范课题评价结果

根据《水力调控技术评价指标、标准与方法》技术体系，示范课题最终评价结果中“淮河－沙颍河水质水量联合调度改善水质关键技术研究”(2009ZX07210－006)课题总评分最高。松花江流域与辽河流域综合评分较低主要是因为东北地区河流工作难度相对低。

示范课题评价结果见表3-8。

表3-8　示范课题评价结果

综合计算	松花江流域水质水量联合调控技术及工程示范(2008ZX07207－006)	辽河流域水质水量优化调配技术及示范研究(2009ZX07208－010)	北运河水系水量水质联合调度关键技术与示范研究(2008ZX07209－002)	南四湖流域重点污染源控制及废水减排技术工程示范课题(2009ZX07210－008)	淮河－沙颍河水质水量联合调度改善水质关键技术研究(2009ZX07210－006)	海河流域北运河水系水环境实时管理决策支持系统研究与示范(2009ZX07209－001)	渭河水污染防治专项技术研究与示范课题(2009ZX07212－002)
工作难度	65.6	70	91.6	91	84.6	91.6	81
成果	80.04	70.08	73.4	68.42	86.68	78.38	93.36
实施方案完成度	100	100	63.6	93.2	89.8	86.4	50
综合评分	78.26	76.03	78.72	82.41	86.47	85.27	79.74

第 4 章　重点流域水质水量水生态联合调度制度的对策建议

建立健全的水质水量优化调配技术相关法规及管理办法是加强水库闸坝调度管理、保证防洪和供水安全、改善生态环境和水质的重要内容。依据《中华人民共和国水法》《中华人民共和国水污染防治法》及其他相关法律、法规,结合流域或区域实际情况,制定相应的水质水量水生态优化调配技术法规和管理办法。水质水量水生态联合调度制度应包括 3 个方面的法规及管理办法,分别为河流水质水量水生态联合调度方案编制导则、河流水质水量水生态联合调度管理办法及流域水质水量水生态联合调度技术导则。

4.1　河流水质水量联合调度方案编制导则

4.1.1　《河流水质水量联合调度方案编制导则》

为指导和规范河流水质水量水生态联合调度方案编制的原则及技术要求,依据《中华人民共和国水法》等国家有关的法律、法规、条例及相关环境标准与技术规范,制定《河流水质水量水生态联合调度方案编制导则》。导则遵循主管部门批准的流域或区域防洪规划、水环境规划,结合流域或区域的防洪特性、水环境现状、水质达标要求及水生态现状,在研究各种水库闸坝联合调度方案的基础上,合理编制。导则主要包括 5 个方面:总则、基本资料、水质水量水生态联合调度方案制订、水污染突发事件水力应急调度方案制定、调度权限。

导则应介绍《河流水质水量水生态联合调度方案编制导则》的编制目的、依据及原则,给出导则编制的内容及适用条件。调度方案编制基本资料包括基本资料的收集和整理分析两部分。收集流域或区域水质水量水生态联合调度有关的基本资料,包括自然地理条件、气象水文条件、工程条件、社会经济状况、防洪要求、调度目标等资料,作为编制水质水量联合调度方案的基本依据。资料分析是对基本资料进行必要的整理分析,对其合理性及可靠性作出评价。水质水量水生态联合调度方案制订包括典型洪水过程选择、标准确定、干支流洪水组合遭遇计算、洪水河道演进、水质指标选取、水生态指标选取、水质模型构建、水质水量辨识关系构建、水质水量水生态联合调度效益分析及最优调度方案选择等内容。水污染突发事件水力应急调度方案制订主要包括 3 个方面:突发事件类型、突发事件应急调度方式及启用应急调度方案的条件。调度权限是指定调度方案的制订机构、批准机构、实施机构等。

4.1.2　《流域水污染事件水力应急调度预案编制导则》

针对流域水污染事件水力应急调度预案编制,重点流域应分别制定《流域水污染事件水力应急调度预案编制导则》。该导则规定了流域水污染事件水力应急调度预案编制的基本要求,使水资源管理部门能够根据法律、法规和其他要求,在企业(或事业)单位切实加强水污染风险源的监控和防范措施,有效降低事件发生概率的前提下,规定响应措施,利用水力调度手段对水污染事件及时组织有效救援,控制事件危害的蔓延,减小伴随的水污染影响。

本导则适用于重点流域内涉及沿河企业(或事业)单位风险源的水力调度,包括水库管理部门、闸坝控制部门以及各级水行政主管部门等对水污染事件进行的水力调度。

主要内容包括预案编制程序、格式要求及编制大纲。其编制程序如下:

(1)成立编制小组:根据沿河主要污染工矿企业、危险化学品储运、恐怖投毒、水生态灾难等情况,针对可能发生的水污染事件类别,结合本单位部门职能分工,成立以单位主要负责人为领导的应急预案编制工作组,明确预案编制任务、职责分工和工作计划。

(2)基本情况调查:对沿河主要污染工矿企业、危险化学品运输风险源、周边环境状况等进行详细的调查和说明。

(3)风险源识别与风险评价:根据风险源、周边环境状况及环境保护目标的状况,委托有资质的咨询机构,按照相关的要求进行风险评价,阐述企业(或事业)单位存在的风险源及风险评价结果。

(4)应急能力评估:在总体调查、风险评价的基础上,委托有资质的评价机构评估水资源管理部门及闸坝控制单位现有的应急能力。

(5)应急预案编制:在风险分析和应急能力评估的基础上,针对可能发生的水污染事件的类型和影响范围,编制应急预案。

(6)应急预案的评审、发布与更新。

(7)应急预案的实施。

4.2　河流水质水量联合调度管理办法

为加强河流水质水量联合调度管理,保障河流水质水量联合调度的顺利实施,实现河流水质改善的目标,根据《中华人民共和国水法》和其他有关法律、法规,结合流域所在行政区实际,制定重点流域河流水质水量水生态联合调度管理办法。将生态用水写入水库供水调度规定中,明确提出水行政主管部门编制生态用水调度计划时,应当充分考虑水库下游河道最低水位和生态用水流量;财政部门应当根据生态用水调度计划安排生态供水资金,并按照实际用水量向供水管理单位拨付。

4.3　重点流域水质水量水生态联合调度技术导则

4.3.1　《辽河流域水质水量水生态联合调度技术导则》(建议稿)

为贯彻《中华人民共和国水法》、《中华人民共和国环境保护法》和《国家中长期科学和技术发展规划纲要(2006—2020年)》,指导河流水质水量水生态联合调度技术开发,制定《辽河流域水质水量水生态联合调度技术导则》(建议稿)(简称《技术导则》(建议稿))。《技术导则》(建议稿)适用于辽河流域内辽河干流流域、浑河流域、太子河流域水库、闸坝水质水量水生态联合调度技术研究及管理。《技术导则》(建议稿)包括九章内容:总则、辽河流域水质水量水生态联合调度技术内容与开发程序、流域河流生态需水估算技术、流域河流水体功能改善的水量配置关键技术、保障河流水质改善的库群闸坝联合调度技术、流域水质水量优化配置仿真模型技术、水污染突发事件水力应急调度与预案制订关键技术、水质水量水生态优化调度效果评估技术和流域水质水量水生态联合调度技术实施要求,其中主要内容为水质水量水生态联合调度技术6项子技术的开发细节,六项子技术囊括了基础研究、常态研究、非常态研究、效果评估等关键技术。《技术导则》(建议稿)界定了辽河流域水质水量水生态联合调度技术导则的术语,规定了流域水质水量水生态联合调度技术研究的一般原则;从目标、原则、方法、技术路线、辽河流域示范结果等几个方面阐述了上述6项关键技术的开发要求;并提出流域水质水量水生态联合调度技术实施要求,形成了一套完整的流域水质水量水生态联合调度技术开发体系。

4.3.2 淮河流域多闸坝河流水质水量联合调度综合技术

通过建立闸坝群多目标联合调度数学模型、情景分析与调度方案生成、调度方案模糊多准则评估及风险调度分析,提出汛期与非汛期闸坝群多目标联合调度的合理化方案,为淮河流域的防污调度决策。

(1)建立闸坝群多目标联合调度数学模型。确定综合考虑防洪、防污和供水的多目标函数,详细分析现有经验调度规则,确定考虑重点调控闸坝调控能力、水位、下泄流量、水量平衡、水质保护目标约束、水文-水动力-水质关系的约束条件,建立闸坝群多目标联合调度数学模型。

(2)闸坝联合调度方案的多目标协调。水量-水质联合调度方案的优选包括经济效益、防洪安全、生态与环境保护等多个目标,不同目标之间的协调是是方案优选的关键。

(3)闸坝群多目标联合调度情景分析与调度方案生成。淮河流域闸坝调度可以分为以下4个时段:枯水期、汛初第一场洪水、汛期、汛末。枯水期闸坝调度的特点是在优先保障供水的基础上,控制闸上蓄水位,小流量下泄保障下游河道基本生态环境用水。汛初第一场洪水闸坝调度特点是在降雨预报的基础上,提前逐步加大下泄流量,防止污水突然集中大量下泄引发流域性的水污染事件。汛期闸坝调度在服从防汛需要的基础上,同时照顾防污的需要,避免污染事件发生。汛末尽量多拦蓄清水以增大闸上水环境容量。当前淮河流域水污染联防调度重点发挥的时期是汛初第一场洪水,其次是汛期。当前淮河流域污染联防调度方案主要是根据干支流来水、来污情况的不同组合,依据长期以来的调度经验制定。充分调研不同情景下的经验调度方案,以多目标协调调度模型分析不同方案在多目标之间的满足情况,在此基础上初步拟定各情景下的调度方案集,包括针对突发污染团事件协调防洪和供水目标,制订应急调度方案应用水文-水动力学-水质模拟模型,模拟计算不同方案下污染物的时空变化过程,统计分析污染的影响范围、历时以及严重程度,特别是污染物通过取水口、水生态保护区等敏感点与敏感区以及污染防控关键断面的浓度变化过程。

(4)模糊群多准则调度方案的优选研究。闸坝群水量水质联合调度方案涉及经济效益、防洪安全、生态与环境保护等多目标,其中经济效益目标重点考虑供水用水对社会经济的影响,防洪安全目标重点考虑闸坝防洪安全和下游河道行洪安全,生态与环境保护目标重点考虑河道生态基流和敏感点、敏感区(取水口、水生态保护区)的水质目标。模糊多准则群决策是运用群决策与模糊评判的原理和方法,系统分析专家权重的确定,给出一种基于模糊层次分析法的指标权重确定方法,并结合模糊多准则决策方法提出一种基于专家的对评价对象进行综合评价的方法。该方法具有融合主、客观权重确定及综合评估的优势,因此拟采用此法(包括多目标决策和多属性决策)研究经济效益、防洪安全、生态与环境保护等多目标的权重及调度方案的模糊求解及评价方法,提出调度方案优选评估方法。

(5)构建多闸坝河流多目标风险评估技术体系。多闸坝河流水质水量联合调度既存在多目标(经济效益、防洪安全、生态与环境保护)相互制约带来的风险,也存在多种影响因素(排污、泄洪、干旱)带来的风险。水量水质联合调度方案能否得到有效的实施很大程度上取决于方案本身存在的风险。多目标风险评估技术体系包括风险因子辨识、风险因子发生及作用机制研究和风险评估三个部分。通过构建多闸坝河流多目标风险评估技术体系,为河流污染事故的评价、风险调度与管理提供定量依据。

(6)开发闸坝群多目标联合调度模块子系统。以多目标协调分析方法为核心,进一步开发调度方案评估决策支持系统,作为闸坝群联合调度方案评估及优选的平台。系统由信息层、模型层和人机界面层组成。其中信息层主要由多目标协调分析方法的参数库及调度方案库组成;模型层主要是模块化封装多目标协调分析方法及多目标风险评估方法,是该决策支持系统的核心技术层;人机界面层主要实现相关参数的输入以及评估结果的输出和展示。

4.3.3 海河流域北运河水系干流闸坝调度准则

北运河流域闸坝调度是北运河流域有效利用工程措施,合理配置水资源,充分利用和提高水资源综合利用效益的重要措施。根据北运河流域水文、水资源和河流生态环境特征,基于河流水质改善需求和《水闸设计规范》(SL 265—2001)、《水闸技术管理规程》(SL 75—94)和《北京市北运河洪水调度规程》等,提出北运河流域水质水量联合调度原则和调度准则。

4.3.3.1 闸坝调度原则

1. 防洪安全

北运河处于区域重要战略地位,防洪安全必须放在首位。对于较大洪水(包括超标洪水),要充分利用流域内闸坝等水工建筑物分洪和拦洪,利用水库和蓄滞洪区拦截多余洪水,确保提防防洪安全。其他调度都要服从于防洪调度,要求控制断面水位不超过最高蓄水位。

2. 洪水资源化原则

在中小洪水期间或者大洪水退水期间,在确保防洪安全前提下,从控制下泄流量角度出发,对灾害洪水过程加以调蓄,尽量延缓流量下泄过程,使洪水资源得到合理的开发、利用和转化,尽量满足北运河流域河道外用水需求。

3. 保障河流生态需水

适当利用闸坝调控措施,维持河流生态水量(最小、适宜),保障河流不断流和维持一定深度的水深,维护河流基本的生态环境需求,改善严重污染水体质量。

4. 保障水功能区水质达标,改善水质

根据北运河流域水功能区划要求,对水功能区水质指标进行控制,严格控制河道沿程的污染物排放,减少污染物排放量;通过不同水文情势下的闸坝调控,增强河流水体自净能力,改善河流水质。

4.3.3.2　调度准则

闸坝生态调度准则建立的目的是通过改善闸坝调度,缓解或补偿闸坝建设对河道下游生态环境带来的负面影响。核心是将生态环境保护目标引入到闸坝调度中来,丰富、发展和完善闸坝现有的功能,提高闸坝调度综合效益。闸坝调度生态准则需要和闸坝防洪调度进行有机结合,为闸坝运行中考虑生态目标提供依据,促使闸坝调度在保障社会经济发展的同时,统筹兼顾生态环境的用水要求,以此保障人与自然的和谐发展。

1. 汛期

防洪调度是闸坝在汛期运行调度方式,主要目的是拦蓄洪水,减小下游洪灾损失,改善水资源时间分配,满足枯季用水需要,但会导致洪水对河流生态中部分天然功能丧失。

汛期大洪水由于具有不可控性,合理控制风险把握好利用时机,在防洪安全和生态环境保护之间找到平衡点。在大洪水洪峰来临前,其他调度要服从于防洪调度,防洪调度目标优于生态调度目标。当进入退水阶段,防洪风险开始处于可控状态,考虑利用闸坝下泄流量进行调度。中小洪水防洪风险基本上处于可控状态,具备为下游河道提供洪水资源,改善其生态环境的条件。在确保防洪安全前提下,控制下泄流量,对洪水过程加以调蓄,延缓流量下泄,达到洪水冲污、控制水体富营养化的目的。

2. 非汛期

在非汛期或枯水年份,闸坝生态调度应保证下游维持河道基本功能需水量。闸坝群实施水污染防治的调度运用,一方面保证社会经济用水需求,另一方面兼顾污染防治的目标。通过调整闸坝调度运行方式,恢复、增强水系连通性,缓解闸坝工程对于干支流的分割阻隔作用。

3. 调度准则

根据以上分析,结合北运河闸坝运行情况,考虑北运河丰水期(6 ~ 9 月)、平水期(10 ~ 11 月、4 ~ 5 月)和枯水期(12 月至次年 3 月)不同阶段闸坝调度不同要求,分时期制定生态调度准则。

枯水期(12 月至次年 3 月):根据下游河道最小生态需水量要求进行流量下泄,以保证河流不断流,遏止生态环境恶化。

平水期(10 ~ 11 月、4 ~ 5 月):根据下游河道适宜生态需水量要求进行流量下泄,以满足特定断面水质要求,控制水体富营养化。

汛前(6 月):根据最佳生态需水量进行流量下泄,控制闸前不超过汛限水位。

汛期(7 ~ 9 月): 服从防洪调度,控制洪灾风险,保护生命财产安全。

第 5 章　水质水量联合调控技术

5.1　流域水质水量耦合模拟技术

5.1.1　问题及技术需求

河流或湖库的水环境数值模型多基于水动力数值模拟技术，水动力模型无论维数多少均可以计算得到水量的时空变化情况。但基于全流域复杂河网及面源污染物等复杂源汇项的水质水量耦合模拟技术由于模型复杂、参数众多、边界条件多样、计算机计算速度等限制，近年来进步缓慢。更由于生物因子作为重要的环境实施因子，其与水动力条件、营养盐条件相互间定量关系至今还没有准确的数理模型可以描述，水生态模型的耦合更是举步维艰，有待我们加大力度进一步探索。

5.1.2　成套技术特点

5.1.2.1　技术创新性或突破的技术难点

水质水量耦合模拟关键技术突破的技术难点概括为 14 项：①河道分叉、干湿交替、环状河网和闸坝运行的复杂水流计算；②基于数字流域、林冠截留、蒸散发、产汇流模型紧密耦合的流域分布式水文模型；③水环境数学模型紧密耦合三大数据库、WEBGIS 和网络技术；④超大型水库水生态环境演化特征辨识分析与多维模拟技术；⑤太湖流域河网水动力模型与监测技术相结合的方法；⑥不同尺度、不同维度的河湖水系河网复杂的平原河网地区水环境系统模拟和预测技术；⑦流域经济社会 - 水资源系统 - 水环境 - 水生态系统过程耦合模拟；⑧浅水型风生流湖泊生态动力学模拟技术；⑨浅水湖泊蓝藻水华聚集动态模拟和预警技术；⑩人工调控流域分布式水量水质耦合模拟技术及多模型多参数优化技术；⑪基于二元流域水循环模型的松花江流域水质模型；⑫耦合河网提取技术、多箱模拟技术、水量水质平衡估算法的库区水量水质耦合模拟技术；⑬湘江重金属污染耦合模拟预测；⑭典型重金属在沉积物上的吸附解吸特性与北运河目标污染物迁移转化关键参数数据包。

5.1.2.2　课题支撑情况

水质水量耦合模拟技术是当前水环境模拟技术的热点和核心技术，也是水质水量联合调度的前置核心技术，多种水文、水动力、点源、面源水质模型及水生态模型的耦合模拟技术的开发和应用，为水质水量联合调控提供了再现河流水环境实时动态变化的技术支撑。本套技术的成型保障了水专项水质水量联合调度相关课题的顺利推进，为我国今后河流水质水量耦合模拟提供了全方位的技术参考，同时也可以看到，耦合水生态模型是今后水质水量耦合模拟需要进一步研究的课题。

5.1.2.3　专利或标准规范支撑情况

水质水量耦合模拟技术与水质水量联合调度技术共同相关课题任务书约定专利数46个，实际产出81个，完成率176%。

5.1.2.4　技术就绪水平提高情况

"十一五"期间技术就绪度一般由3～4提高至5～6，"十二五"末技术就绪度进一步提升至6～7。

5.1.2.5　技术不足与发展分析

水质水量耦合模拟技术在国际上已经非常成熟，MIKE系列、EFDC、Delft 3D等软件早已实现三维水动力及水环境数值模拟，且人机交互界面友好，甚至可以实现分布式模块化功能定制服务。当前我国水环境数值模型还没有一套成熟的商业软件得到推广应用，模型开发没有形成行业技术标准，水专项水质水量耦合模拟技术多为大区域水质水量联合调度做技术支撑，模型多采用一维水动力与水质数值模型。以提高运算效率为目标的二维、三维改进算法模型在水质水量甚至水生态的联合调度下将是下一步的研究方向，人机交互界面友好的商业化软件的研发是今后模型开发研究的重点。

5.1.3　关键技术及其适用性

当前水专项取得的流域水质水量耦合模拟技术体系总体包括7类关键技术：①源强水质模型；②水动力水质模型；③生态动力学模型；④水质水量耦合模拟技术；⑤分布式水文、水动力、水环境耦合模型；⑥重金属污染模型；⑦北方河流典型污染物特征参数包，各类关键技术共取得突破性技术14项。

5.1.3.1　源强水质模型

北运河穿过北京市，流域污染源十分复杂，通过分析点源及非点源产汇流过程，开发了点源及非点源产汇流模型，并确定进入河道污染负荷；建立了研究区域一维全河段和二维局部河段水环境模型，解决了河道分叉、干湿交替、环状河网和闸坝运行的复杂水流计算难题，通过模型建立了北运河水质对入河源强的响应关系，为河流水环境承载能力计算和污染负荷削减分配提供了技术支撑。

5.1.3.2　水动力水质模型

水专项相关课题开展了大量水动力水质数值模拟研究，研究成果促进了河流、河网、湖泊、大型水库等复杂水体水环境数值模拟技术的进步，数据库技术和网络技术与水环境数值模型紧密结合，构建了集数值模拟、结果动态展示和分析等功能于一体的水污染事故时空模拟技术体系。相关技术在松花江、北运河、太湖、巢湖、三峡水库等流域得到实际应用，取得较好的示范效果。

5.1.3.3　生态动力学模型

本阶段水专项相关课题开展了湖泊类水体的生态动力学模型的研发，通过构建综合考虑水动力条件、气象条件、营养盐条件和底泥影响的水质蓝藻预测预警模型，实现了在太湖重污染区的水质和蓝藻水华的初步业务化预测预警；建立的浅水型湖泊三维风生流水流水质模型，求解了巢湖湖区的水质浓度状况，包括氮、磷、COD、BOD、藻类等。当前生态动力学模型处于研究初期，除去藻类以外的水生物指标与水动力、水质指标的耦合模拟有待进一步深入研究。

5.1.3.4　水质水量耦合模拟技术

水专项相关专题系统研发了基于全流域水质水量的耦合模拟技术和多闸坝分布式河流水质水量耦合模拟技术。基于全流域水质水量的耦合模拟技术开发两个层次的模型：一个是流域层次的水质水量耦合模型，即基于物理机制开发分布式二元水循环模型和基于流域水循环模型的流域水质模型，耦合模拟流域水循环和水环境的时空演化过程，为科学提出流域水质水量总量控制方案奠定坚实的基础；另一个是干流层次的水质水动力学模型，即详细考虑干流河道的水动力学机制和污染在干流河道中的迁移转化机制，以及干流水系与控制性水库的耦合机制，构建干流河道水量水质响应模拟平台，为污染突发事件应急调控提供分析平台。多闸坝分布式河流水质水量耦合模拟技术突破了人工调控流域分布式水量水质耦合模拟技术及多模型多参数优化技术，动态模拟闸坝影响下单元流域产汇流、河流洪水波、污水团的时空变化分布，形成了拥有自主产权的流域分布式水量水质耦合模拟系统主要技术指标和参数：①嵌入闸坝的分布式时变增益水文模型；②污染物迁移过程模型；③模型参数的不确定性分析。

5.1.3.5　分布式水文、水动力、水环境耦合模型

水专项三峡水库课题中应用国外成熟水环境数值模型耦合自主开发的集河网提取技术、多箱模拟技术、水量水质平衡估算法于一体的库区水量水质的耦合模拟技术，从而揭示了降水径流和水动力、水动力和水质、水土流失和水环境等过程之间的耦合规律，为“调度改善水质”方案的优化设计提供了科学依据。

5.1.3.6　重金属污染模型

研究专门针对湘江重金属污染问题，针对湘江实际情况对新安江模型参数进行优化，并验证其在湘江流域的适用性，系统研究了大气沉降、面源污染情况，采用迭加原理和源项求出了模型的解析解，并通过理论计算、实验测定、计算机识别相结合的方法确定了模型参数。通过对湘江株洲段原体的观测和实验，以大量实测数值和模型计算值对比的结果，验证了模型的精确性；建立了湘江重金属污染耦合模拟预测系统，实现湘江不同重金属污染水平下的水质预测。

5.1.3.7　北方河流典型污染物特征参数包

针对北运河流域的污染物特点，研究了COD、氮在北运河水流、颗粒物以及底泥载体中的迁移、降解动力学，结合时空变化特征与差异，分析了不同影响因子条件下的迁移降解速率，确定了重金属在北运河水系和沉积物中的赋存形态，研究了典型重金属在沉积物上的吸附解吸特性，考察了沉积物中不同组分对重金属的吸附动力学，确定了重金属在

水－沉积物界面的分配系数，开发了北运河目标污染物迁移转化关键参数数据包。

水质水量耦合模拟技术清单见表 5-1。

表 5-1　水质水量耦合模拟技术清单

编号	技术类别	技术名称	技术内容	适用范围	技术就绪度
1	源强水质模型	河流水质对入河源强响应关系模型	建立了包含北运河干流和主要的一级支流的一维水环境模型，其中水动力模型考虑了分汊河道、环状河网、干湿交替以及闸坝运行等复杂水力学情况，水质模型考虑了化学需氧量、氨氮、硝氮、总磷、重金属等	河流一维、二维水环境模拟	6
2		流域目标污染物入河源强模型	采用数字流域离散法划分子流域，构建了林冠截留模型、蒸散发模型、产汇流模型，建立了北运河流域的分布式水文模型，开发了点源及非点源产汇流模型。建立基于径流系数法的城区水文计算目标污染物通量关系和污染物迁移规律及污染物入河量	结合水文单元及行政区划，量化行政产污单元入河污染负荷	6
3	水动力水质模型	水动力模型和水质模型构建与模拟技术	集成三大数据库、WEBGIS 和网络技术等，与构建的水环境数学模型紧密耦合，建立了集数值模拟、结果动态展示和分析等功能于一体的水污染事故时空模拟系统。系统将通过一个非常友好的用户界面修改一些水工构筑物操作或边界条件，生成一系列方案来模拟不同的事故条件	松花江水污染事故模拟	5

续表 5-1

编号	技术类别	技术名称	技术内容	适用范围	技术就绪度
4	水动力水质模型	大型水库水生态环境演化特征辨识分析与多维模拟技术	构建了点、面结合的三峡水库水环境、水生态野外观测与原位试验技术平台，完善了以揭示大型富营养化生态过程为重点，兼顾饮用水安全、有毒有机污染物等多种坐标的大型水库生态环境观测方案，形成了三峡水库特点的超大型水库水生态环境特征动态观测与原位技术体系	大型水库水生态环境演化特征辨识分析与多维模拟	7
5		湖泊流域河网水动力模型及水环境变化测报技术	本书在现有监测技术与条件的基础上，提出一套流域河网水动力模型与监测技术相结合的方法，对太湖流域水环境变化进行测报	湖泊流域河网水动力模拟	6
6		河网流域水环境系统模拟模型技术	针对太湖流域水环境管理数字化和业务化需求，建立能够反映社会经济发展、产业布局、城镇化过程、水资源利用以及点、面源污染与水环境质量的定量耦合与响应关系，提出流域数字水环境系统集成关键技术，形成适用于流域水质目标管理的流域数字水环境系统	河湖水系河网复杂的平原河网地区水环境系统模拟和预测评价	4
7		河流流域水环境系统分析与模拟技术	该技术基于河流流域容量总量管理要求，以支持流域容量总量计算和分配为目标，采用社会经济预测模型、流域分布式非点源模型和河流水体水质响应模型（含水动力模型、水工程水力学模型）等，开展流域负荷估算与水体水质响应计算	河流流域基于水生态功能分区的容量总量计算与分配	4

续表 5-1

编号	技术类别	技术名称	技术内容	适用范围	技术就绪度
8	生态动力学模型	浅水型风生流湖泊生态动力学模拟技术	建立的浅水型湖泊三维风生流水流水质模型,建立水气耦合的三维水动力模型,求解整个湖区的流场,同时利用改进的 WASP 模型对湖体水质情况进行模拟,求解整个湖区的水质浓度状况,包括氮、磷、COD、BOD、藻类等	巢湖流域的气象 - 水文 - 水质模拟研究	7
9		浅水湖泊蓝藻水华聚集动态模拟和预警技术	通过构建综合考虑水动力条件、气象条件、营养盐条件和底泥影响的水质蓝藻预测预警模型,并使用长时间序列的、大量而又系统的实测资料进行模型的参数率定,实现了在太湖重污染区的水质和蓝藻水华的初步业务化预测预警	湖泊蓝藻水华预测预警	7
10	水质水量耦合模拟技术	多闸坝分布式河流水质水量耦合模拟技术	该项目突破了人工调控流域分布式水量水质耦合模拟技术及多模型多参数优化技术,动态模拟闸坝影响下单元流域产汇流、河流洪水波、污水团的时空变化分布,形成了拥有自主产权的流域分布式水量水质耦合模拟系统	多闸坝复杂流域多尺度分布式水质水量耦合模拟及多模型多参数优化	6
11		全流域水质水量耦合模拟技术	开发两个层次的模型:一个是流域层次的水质水量耦合模型,即基于物理机制开发松花江流域分布式二元水循环模型和基于流域水循环模型的松花江流域水质模型;另一个是干流层次的水质水动力学模型以及干流水系与控制性水库的耦合机制,构建松花江干流河道水量水质响应模拟平台,为污染突发事件应急调控提供分析平台	寒区大尺度流域水质水量双总量控制与突发性水污染事故应急调度	5
12	分布式水文、水动力、水环境耦合模型	三峡水库流域分布式水循环、水环境模拟技术和三峡库区流域水质耦合模拟技术	首先在库区典型支流尺度上,形成了基于 WASP 和 QUAL - 2k 两种模型体系的水环境模拟系统,在三峡库区尺度上,开发了耦合河网提取技术、多箱模拟技术、水量水质平衡估算法于一体的库区水量水质的耦合模拟技术	香溪河流流域和三峡库区	6
13	重金属污染模型	湘江重金属污染模型系统	研究重点区域大气重金属沉降对湘江水质的影响;针对湘江的具体情况,根据质量守恒定律建立了湘江重金属水质预测模型,采用迭加原理和源项求出了模型的解析解,并通过理论计算、实验测定、计算机识别相结合的方法确定了模型参数。建立了湘江重金属污染耦合模拟预测系统	河流重金属污染监测与防控	4

续表 5-1

编号	技术类别	技术名称	技术内容	适用范围	技术就绪度
14	北方河流典型污染物特征参数包	目标污染物迁移转化关键参数包	研究了 COD、氮在北运河水流、颗粒物以及底泥载体中的迁移、降解动力学,迁移降解速率,赋存形态,研究了典型重金属在沉积物上的吸附解吸特性,沉积物中不同组分对重金属的吸附动力学,重金属在水－沉积物界面的分配系数,开发了北运河目标污染物迁移转化关键参数数据包	污染物迁移转化参数	6

5.1.4　技术应用及效果

河湖水环境时空调查评价与监控成套技术体系改善了水质监测技术,形成了水生物监测评价、污染源监测评价、成绩无监测评价、生态需水量计算新的技术体系,综合评价技术创新地提出了河湖健康综合评估技术体系。这些改进方法及创新技术丰富了传统的水资源、水环境及水生态调查评价技术,解决了当前复杂环境条件河湖生态环境管理的问题诊断技术难题,为今后系统的管理打下了良好的基础。

水质水量耦合模拟技术是当前水环境模拟技术的热点和核心技术,多种水文、水动力、点源、面源水质模型及水生态模型的耦合模拟技术的开发和应用,为水质水量联合调控提供了再现河流水环境实时动态变化的技术支撑。

5.2　流域水质水量联合调度技术

5.2.1　问题及技术需求

水力调度关键技术研究在实践发展中呈现出 3 个较为明显的变化,即从应急调度发展到常规调度,从单纯的水量调度到水量与水质的统筹考虑,从单纯服务于生产生活到为改善生态环境调水。当前我国的水质水量联合调度研究在世界上处于领先地位,水质水量联合调度技术体系基于流域水质水量模拟的水质水量联合调度模型、技术方法、影响评估及管理系统平台的建设等,重点解决大型输水工程与库群及闸坝联合调度技术,多用水(以农业灌溉水与河道环境用水为重点)共享技术,流域多供需水户复杂供需水关系分析及复杂串并联水工程系统联合调度,水资源短缺流域保障环境流量的水库群与水闸联合调度技术。

5.2.2　成套技术特点

5.2.2.1　技术创新性或突破的技术难点

水质水量联合调度取得关键技术突破的技术难点概括为 17 项:①区域再生水资源调配及循环利用边界条件统筹理论方法、截蓄导用工程方案优化模型;②基于生态需水约束的“三生”用水优化配置技术与水库生态调度技术;③基于河口区大型湿地生态－水文耦合模型和辽河口赶潮河网水量水质耦合模型的湿地淡水资源调控;④基于湖泊多目标综合利用的生态水位调控与调水方案;⑤提升湖荡生态系统净化能力的生态调控技术;⑥定量识别渭河干、支流主要水利工程对生态基流保障的影响;⑦基于超图 GIS 平台和虚拟现实技术,实现水质水量联合调度多源信息集成、多模型耦合连接和可视化仿真;⑧多目标水质水量联合调度数学模型;⑨基于 copula 函数的水量水质联合调度风险率计算方法和调度方案模糊优选方法;⑩镶嵌闸坝模型的流域水量水质联合调度模型;⑪生态重建与景观修复技术;⑫辽河流域水质水量调度方案及识别关键技术、流域联合调度规则;⑬辽河流域水文坡面过程和水体水质水量响应过程;⑭辽河流域水资源优化配置技术方案;⑮流域级水功能区的水量调控模拟模型;⑯采用田间水质水量调控技术,控制面源污染“源”;通过采用工程、生物、生态相结合的方式,调控各级排水沟渠和末端湿地的水质水量过程;⑰聚类分析确定污染源,因子分析确定污染源类型,绝对主成分得分 - 多元线性回归计算贡献率。

5.2.2.2 课题支撑情况

经过十年的发展,“十二五”期间,水质水量联合调度课题在示范流域取得了较好的示范效果。通过示范调度,辽河、淮河调度期内水环境及生态流量明显改善;淮河 DTVGM 模型在淮河流域水质 - 水量 - 水生态联合调度中的应用研究成果课题负责人夏军和子课题 2 负责人占车生获得 2017 年国家自然科学二等奖。水质水量联合调度课题极大地推动了水专项相关研究成果在地方水利主管部门的应用,产出技术导则标准及方法得到地方政府推广应用,取得良好的社会效应和环境效益,实现了水专项预期目标。本套技术的成型保障了水专项水质水量联合调度相关课题的顺利推进,为我国今后流域水资源高效配置与可持续利用提供技术支撑,同时也可以看到,耦合水生态用水保障是今后水质水量联合调度需要进一步研究的课题。

5.2.2.3 专利或标准规范支撑情况

水质水量耦合模拟技术与水质水量联合调度技术共同相关课题任务书约定专利数 46 个,实际产出 81 个,完成率 176% 。

5.2.2.4 技术就绪水平提高情况

“十一五”期间技术就绪度一般由 3 ~4 提高至 6 ~7,“十二五”末技术就绪度进一步提升至 7 ~8。比如《辽河流域水质水量优化调配技术及示范研究》课题制定的河流水质水量联合调度法规导则——《辽宁省水库供水调度规定》以辽宁省人民政府令发布,制定的《辽宁省水工程生态调度技术导则》已经在辽宁省质量技术监督局立项,将以省地方标准的形式发布,作为辽宁省水资源管理和水库、水闸调度的重要依据。

5.2.2.5 技术不足与发展分析

截至“十二五”末期,水质水量联合调度相关课题攻克了环境用水需求与生产生活用水矛盾的关键技术链,水量调度实现水量与水质的统筹考虑。受限于水生生物对水量水质等生境依赖机制研究深度不足,水量调度将从单纯服务于生产生活到为改善环境调水,进而改善生态调水为目标。结合国内跨流域调水工程的实施,水质水量水生态联合调度由本流域调度逐步发展到考虑多目标保障的跨流域调度。

5.2.3 关键技术及其适用性

当前水专项取得的常规流域水质水量联合调度技术体系总体包括 5 类关键技术:①多目

标保障水资源调配技术；②多闸坝联合调度技术；③水质水量优化调控技术；④农业面源污染调控技术；⑤重金属治理动态分配技术，各类关键技术共取得突破性技术16项，见表5-2。

表5-2　流域水质水量联合调度技术清单

编号	技术类别	技术名称	技术内容	适用范围	技术就绪度
1	多目标保障水资源调配技术	区域尺度再生水资源调配及循环利用技术	采用理论分析和实测数据相结合的研究方法，确立区域再生水资源调配及循环利用边界条件统筹理论方法、截蓄导用工程方案优化模型，并在此基础上，提出再生水截蓄导工程设计导则，编制相关工程调度管理技术规程	区域尺度再生水的回用	4
2		入淀水量多目标综合保障技术	基于大尺度二元水循环模型构建与模拟，考虑流域“三生”（生活、生态、生产）用水的冲突协调，研发基于生态需水约束的“三生”用水优化配置技术与水库生态调度技术，制定不同水资源保障条件下的水资源配置与水库生态调度方案	水资源冲突协调与水库生态调度	6
3		水质水量模型法河口区湿地水资源调控技术	针对河口区生态缺水问题，对河口区淡水资源进行调控和优化。该技术采用模型预测方法，建立了河口区大型湿地生态－水文耦合模型和辽河口赶潮河网水量－水质耦合模型，通过对湿地生态水文过程模拟及河网水质和水量预测，进行湿地淡水资源调控方案的优化	湿地水资源调控	6
4		基于湖泊多目标综合利用的生态水位调控与调水方案	通过调查拟定湖泊服务功能、生态功能等边界条件，现场调水试验资料检验和数学模型模拟，构建调水线路和研究调水对水源地及湖区水质改善效果、对蓝藻暴发抑制作用以及调水风险与控制等，集成了基于湖泊多目标综合利用的生态水位调控与调水方案	巢湖半封闭湖泊生态调水	9
5		提升湖荡生态系统净化能力的生态调控技术	研发提升湖荡生态系统净化能力的生态调控技术，实现湖荡净化能力增强。研发卵带式先锋植物快速繁育与控制技术、针对富营养化湖泊内源污染的生态控藻除磷技术等，集成了基于沿岸带生态修复技术——敞水区保水渔业的湖荡生态系统净化能力提升的生态调控技术，有效地改善了水质，提高了湖荡生态系统净化能力	富营养化生态湖泊的修复	7
6		河道生态基流保障与水质改善多目标调控技术	采用长系列分析、典型年对比等方法，分析了渭河干流不同河段与时段的生态基流盈亏情况，定量识别了渭河干、支流主要水利工程对生态基流保障的影响。建立了考虑非点源污染影响的河流一维水质模型，研究了渭河干流关中段现状年和规划水平年非汛期不同调控方案的水量水质响应关系，明确了水质改善效果	渭河关中段生态基流保障与水质改善	4

续表 5-2

编号	技术类别	技术名称	技术内容	适用范围	技术就绪度
7	多闸坝联合调度技术	闸坝群水质水量联合调度决策支持内嵌式耦合技术	基于 Super map GIS 平台和虚拟现实技术，并将“数据”与“模型”进行有机集成，实现水质水量联合调度多源信息集成、多模型耦合连接和可视化仿真，开发完成了主知识产权的决策系统可视化平台	水质水量联合调度多源信息集成、多模型耦合连接和可视化仿真	4
8		闸坝群水质水量多目标联合调度及风险分析技术	建立了多目标水质水量联合调度数学模型，分析了不同雨水情情景下，闸坝水质水量联合调度的规律，提出了“防污三段调度法”，在历史仿真调度模拟中取得了较好的效果，建立了基于 copula 函数的水量水质联合调度风险率计算方法和调度方案模糊优选方法，提出了流域防污体系与防污标准概念	闸坝群“防洪、防污、供水”于一体的水质水量多目标联合调度及风险分析	4
9		北运河分质水资源优化调配的水质水量联合调度技术	从北运河流域河流污染和水资源补给等实际情况出发，确定采用两种生态调度方式：次暴雨调度、生态基流调度，构建了镶嵌闸坝模型的流域水量水质联合调度模型，实现流域水文模型、水动力学水质模型和闸坝模型的有机耦合和无缝集成	运河分质水资源优化调配的水质水量联合调度	7
10		引水工程运行与水质保障技术	形成了生态重建与景观修复技术。在实施湖库型水体生态修复基础上，采用水体完全混合模式，配置不同的生物群落，预测南湖水系丰、平、枯水期引江水量，实行水期差异引水，优化调水频次，以实现水体水质保障的目标	北方寒冷地区湖库型水体水质保障	6
11		库群联合调度——闸坝调控太子河水质改善技术	开展了辽河流域水质水量调度模型、流域用水过程分析、辽河流域水质水量调度方案及识别关键技术、流域联合调度规则等研究，开发了具备辽河流域水质水量联合调配所需的数据库、模型库、方案库及具有良好人机交互界面的面向对象的决策支持系统	库群联合调度水质改善	4

续表 5-2

编号	技术类别	技术名称	技术内容	适用范围	技术就绪度
12	水质水量优化调控技术	太子河流域水质水量优化配置仿真模型技术	研究了辽河流域水文坡面过程和水体水质水量响应过程;采用SWAT模型对辽河流域坡面过程进行模拟,模拟地表水和地下水水质水量在复杂的大流域中的径流的产生和汇集过程	流域水质水量优化配置	6
13		太子河流域水体功能改善水量配置技术	分析和提出"辽河流域水资源优化配置技术方案研究"系列成果,不仅顾及了流域供水安全而且考虑了河流水质改善,为保障辽河流域经济社会的快速、健康和可持续发展及生态文明建设提供了主要依据	水体功能改善水量配置	7
14		基于水功能区的流域水质水量总量控制技术	考虑人工用水、工程调度与自然水循环三方面关系,建立流域级水功能区的水量调控模拟模型,根据用水调控后的河流水量过程使用纳污能力分析模型计算水功能区纳污能力,根据分析计算结果对流域的水量和水质进行调控,实现流域水质水量总量控制技术	大流域的水量、水质控制综合分析决策	4
15	农业面源污染调控技术	农业面源污染水质水量一体化调控技术	通过采用田间水质水量调控技术,控制面源污染"源";通过采用"工程、生物、生态"相结合的方式,调控各级排水沟渠和末端湿地的水质水量过程,将排水沟道的土壤物理作用和生物降解功能有机结合起来,以控制面源污染"汇"	水稻灌区,也可用于具有明确污染物排放途径的农业种植区	6
16	重金属治理动态分配技术	湘江水环境重金属污染源解析与动态分配技术研究	建立了采用地积累指数和生态风险指数法初步确定重要污染因子,引入海洋沉积物污染指数法进一步确定重要污染因子和污染区域,聚类分析确定污染源,通过因子分析确定污染源类型,绝对主成分得分-多元线性回归计算贡献率,并结合污染物排放清单进行重金属污染来源解析的技术方法	河流重金属污染监测与防控	4

5.2.3.1 多目标保障水资源调配技术

水专项涉及水资源配置课题所考虑的调度原因除去生产、生活用水外,还考虑了生态与环境用水需求,研究方法创新包括二元水循环理论的应用、边界条件统筹理论、多种数值优化方法等,水源除去常规降雨径流外,还综合考虑了再生水的利用。各课题在松花江、辽河、海河、淮河、东江、巢湖等流域示范效果得到了相关主管部门的认可。

5.2.3.2 多闸坝联合调度技术

我国闸坝众多,各大流域凡是人口聚集区均建有大量的闸坝等拦河水利工程。闸坝的调度运行控制了一条河流的水流、水环境及水生态,也决定了区域各用水单元水资源的时空配置。多闸坝的联合调度技术发展,可以优化河湖库水资源配置,解决各用水单元用水矛盾。闸坝的联合调度是一切人为干扰河流水资源空间配置的核心技术和主要手段。本技术体系深入研究了闸坝群水质水量联合调度与改善各用水单元用水需求,并研发了基于 GIS 平台的虚拟现实仿真调度系统,使得多闸坝联合调度效果可以更加直观的展现。

5.2.3.3 水质水量优化调控技术

水质水量优化调控技术基于水质水量耦合模拟技术,结合各用水单元用水需求,应用耦合模型模拟分析水资源配置方案的效果,解决了生产、生活、生态用水需求,顾及了流域供水安全而且考虑了河流水质改善,为保障流域经济社会的快速、健康和可持续发展及生态文明建设提供了主要依据,为水功能区污染负荷入河控制量分析提供基础,实现流域水质水量优化控制。

5.2.3.4 农业面源污染调控技术

本技术通过采用田间水质水量调控技术,控制面源污染源;通过采用工程、生物、生态相结合的方式,调控各级排水沟渠和末端湿地的水质水量过程,将排水沟道的土壤物理作用和生物降解功能有机结合起来,以控制面源污染“汇”。

5.2.3.5 重金属治理动态分配技术

建立了采用地积累指数和生态风险指数法初步确定重要污染因子,引入海洋沉积物污染指数法进一步确定重要污染因子和污染区域,以及相关分析初步确定污染因子,聚类分析确定污染源,因子分析确定污染源类型,绝对主成分得分 - 多元线性回归计算贡献率,并结合污染物排放清单进行重金属污染来源解析的技术方法。构建了河流重金属动态分配分相模型和湘江重金属水质预测模型,并选取实测资料对模型进行了验证。

5.2.4 技术应用及效果

基于水质改善的流域水质水量联合调度技术是“十一五”水专项河流主题重点产出成果之一。本技术在“十一五”期间“一江三河”及南水北调、西北特殊水体水环境治理中起到了重要作用,“十二五”期间以本技术为基础,深入开展水质水量及水生态联合调度的研究与应用,“十三五”期间将继续在全国范围内推广应用。

第 6 章　三峡水库流域系统治理现状与问题分析

6.1　“十一五”末流域水污染现状与态势分析

6.1.1　流域概况

长江上游流域水能资源丰富，是我国重要的水电基地。目前已建和在建的大型水电站较多。金沙江下游到湖北宜昌 1 000 多 km 的长江干流中就包括了已建的三峡、葛洲坝电站，正在兴建并已开始发电的溪洛渡、向家坝电站，以及计划建设的白鹤滩、乌东德、小南海电站等。

三峡工程是开发和治理长江的关键性工程，目前是中国最大也是世界最大的水电枢纽工程，三峡工程坝址位于宜昌市三斗坪，控制集雨面积 100 万 km^2，占长江流域面积的 56%；年均径流量达 4 510 亿 m^3，约占长江年总径流量的 49%，坝址断面多年平均流量 14 300 m^3/s；水库正常蓄水位 175 m，总库容 393 亿 m^3，防洪库容 221.5 亿 m^3，具有防洪、发电、航运等综合功能；三峡水库回水末端至重庆市江津区，形成长 667 km、均宽 1 100 m 的河道型水库。

向家坝水库坝址位于川滇两省交界的金沙江下游河段上。水库下距宜宾市区 33 km，距离水富港 2.5 km，与宜昌、武汉的直线距离分别为 700 km、980 km。向家坝水库正常蓄水位 380 m，死水位 370 m，水库总库容 51.63 亿 m^3，调节库容 9.03 亿 m^3，可进行不完全年调节。向家坝水库已于 2012 年 10 月首批机组发电，工程将于 2015 年 6 月全面竣工。向家坝水库的开发任务以发电为主，兼顾改善通航条件、防洪、灌溉，同时具有拦沙和为溪洛渡水库进行反调节等作用。

溪洛渡水库位于四川省雷波县和云南省永善县境内的金沙江干流上，在向家坝水库之上。坝址距离宜宾市河道里程 184 km，距离三峡大坝 770 km。水库控制流域面积 45.44万 km^2，占金沙江流域面积的 96%。溪洛渡水库正常蓄水位为 600 m，死水位 540 m，汛期防洪限制水位 560 m，水库总库容 129.14 亿 m^3，调节库容 64.6 亿 m^3。溪洛渡电站计划于 2012 年完成第一台机组安装，2013 年水库开始蓄水，首批机组发电，2015 年工程竣工。

梯级水库群由于存在水量、水环境的必然联系，做好梯级水库群联合优化调度既是安全运行和提高效益的保证，也是防控支流水华、保障库区水源地和改善下游江湖河网水环境的重要途径，对长江流域的水资源可持续利用和生态文明建设具有重要的理论及实践意义。

6.1.2　流域水污染现状

6.1.2.1　三峡及上游水库水污染现状

自2003年三峡水库蓄水以来,库区干流及主要支流水质基本优于Ⅲ类水质标准,与蓄水前保持一致并略微好转。到2009年,三峡库区长江干流7个断面中,寸滩、清溪场、晒网坝和培石4个断面水质为Ⅱ类,铜罐驿、沱口和官渡口3个断面水质为Ⅲ类。其中,6~8月部分断面水质相对较差,6月和7月铜罐驿断面水质为Ⅳ类,主要超标项目分别为石油类和高锰酸盐指数;8月沱口断面水质为Ⅴ类,主要影响因子为铅;其余月份各断面水质均达到或优于Ⅲ类。

三峡水库主要支流嘉陵江、乌江水质维持良好状态。2009年,嘉陵江北碚、临江门和大溪沟3个断面水质为Ⅱ类,乌江麻柳嘴和武隆2个断面水质分别为Ⅱ类和Ⅰ类。其中,1月、2月和8月部分断面水质相对较差,2月北碚断面水质为Ⅳ类,1月和8月临江门断面水质为Ⅳ类,主要影响因子均为石油类。

与此同时,由于水动力及水环境条件的变化,其他支流水质状况不容乐观。到2009年,三峡水库其他支流的Ⅳ类断面占12.2%、Ⅴ类断面占4.9%、劣Ⅴ类断面占7.3%,主要为高锰酸盐指数、氨氮和五日生化需氧量等指标在6月、7月、9月超标。

三峡水库支流水体富营养化问题依然存在,到2009年,三峡水库主要支流水体处于富营养状态的断面比例为26.9%;处于贫营养和中营养状态的断面比例分别为2.3%和70.8%。受蓄水影响,库区支流回水区水体的富营养化程度明显重于非回水区,回水区水体处于富营养状态的断面比例为35.16%,高出非回水区约22.1个百分点。监测结果表明,2004年春、夏季,香溪河等4条支流及坝前凤凰山库湾发生了不同程度的水华现象。2005年和2006年春季和夏季,香溪河等14条支流发生水华。2007年春、冬两季,2008年春季,2009年春和2010年早春,在香溪河等支流暴发不同程度的水华,且陆续出现蓝藻水华、硅藻水华和甲藻水华。此外,2007年重庆市各级政府和环保部门对重庆市40个区(县)、84个城市集中式饮用水源地环境状况调查研究表明:9.1%的湖库型水源地水质达到富营养化水平,主要污染物为TN、TP、粪大肠菌群、COD_{Mn},主要受农业面源污染、生活污染以及畜禽养殖污染。

6.1.2.2　三峡下游水污染现状

2009年,三峡下游78个国控断面中,达到或优于Ⅲ类水质的断面有48个,约占61.5%;Ⅳ~Ⅴ类断面23个,占29.5%;劣Ⅴ类断面7个,占9.0%,主要污染指标为总磷、粪大肠菌群、石油类、挥发酚、氨氮、化学需氧量和总氮。长江干支流的城市江段普遍存在岸边污染带。区域内505个城镇集中式饮用水水源地中,有450个水源地达标,主要污染指标为氨氮、铁、锰等。三峡下游至长江武汉段的几个主要通江湖泊中,洞庭湖出口处,水体为轻度富营养或中度富营养,季节性水质不达标,为Ⅴ类或劣Ⅴ类。东湖水质为Ⅳ~Ⅴ类,主要污染指标为总磷,东湖水体为中度富营养。

至2012年,长江干流宜昌至武汉河段8个国控断面水质总体上能达到《地表水环境质量标准》(GB 3838—2002)规定的Ⅱ~Ⅲ类标准,水质符合功能区划的断面比例为86.7%,主要超标项目为总磷。受沿线城镇排污影响,长江水质受污染,如监测发现长江监利段、荆州段有达不到Ⅱ～Ⅲ类水体水质标准要求的现象。三峡下游至长江武汉段的几个主要通江湖泊中，洞庭湖出口处，水体为轻度富营养或中度富营养，季节性水质不达标，为Ⅳ类或Ⅴ类。东湖水质为Ⅳ类，轻度富营养。主要污染指标为总磷、化学需氧量和五日生化需氧量。

中国水产科学研究院长江水产研究所多年研究表明，三峡水库蓄水之后所带来的水文情势变化，导致长江中游宜昌至城陵矶江段四大家鱼资源量明显下降。监测结果表明，1997～2003年三峡水库蓄水前，长江监利断面年均鱼苗径流量为25.24亿尾，三峡水库蓄水之后，这一数字明显下降，2009年仅为0.42亿尾。另外，农业生产、水利工程及渔业生产人类活动，严重破坏了各类水生生物的栖息地及生境，野生鱼类资源已经严重衰退，珍稀濒危水生野生动物的物种数量急剧增加，濒危程度不断加剧，野生保护区动物资源量持续下降，一些珍稀濒危水生野生动物物种如白鳍豚、白鲟、长江鲥鱼等已濒临灭绝。

6.1.3　水污染发展趋势

6.1.3.1　三峡库区污染物排放呈上升趋势

2003年，库区工业污水排放量不足2亿t，生活污水排放量不足4亿t；到2009年，工业污水排放量达到近5亿t，生活污水排水量超过6亿t。虽然2006年以后工业污染排放得到一定控制，但总量仍然较大，生活污水排放量整体呈上升趋势。因此，三峡库区污染物排放依然呈上升趋势，且基数较大，情况不容乐观。

同时，三峡水库蓄水导致库区移民活动（建房、开垦耕地）频繁，且潜势较大，造成在很长一段时间内存在水土流失问题。不合理的耕作方式使化肥、农药利用率低，流失严重。农业和农村废弃物（生活污水、畜禽粪便、废旧农膜等）排放量大，回收率低。农业面源污染越来越严重，对库区水环境造成巨大威胁。

6.1.3.2　支流富营养化程度较高

三峡水库蓄水后，支流原来流动水体受干流的顶托形成回水区，使水文情势发生了很大变化，流速减缓，泥沙沉积，水体透明度增大。同时上游污染水体入库后不易消散，加之长江干流水体污染物本底较高，并以异重流形式对支流进行污染物补给，使大量营养盐在支流库湾累积，形成富营养化。2005～2009年，支流水体富营养化呈上升趋势；据报道，部分时段支流回水区富营养化率达到80%以上。

因三峡水库库区污染物排放不能得到有效遏制，三峡及上游流域面源污染持续存在，使得三峡水库干流污染物浓度本底值不会在短时间内下降，因大坝滞留作用反而有可能上升。因此，三峡水库支流水体富营养化情势在短时间内难以得到有效缓解。

从2004～2009年来看，虽然水华情势看似有所缓解，但水华爆发的优势种却发生了变化。蓄水初期水华优势种主要是以硅、甲藻为主的河道型藻种，但2008年以后湖泊型蓝绿藻种逐步呈现优势，在2010年逐步成为主导优势种。

6.1.3.3　饮用水源地水质安全风险增大

三峡水库建成以后，库区货物运输负荷显著增大，从2003年的2 000万t速增至2009年的8 000万t，尤其是2008年蓄水到172.5 m水位以后，一年增长2 000余万t。船舶累计注册量也迅速增大，自2003年以来，平均每年新增9 000余艘船舶。这些信息一方面直接反应了三峡水库移动污染风险呈上升趋势,一旦船舶及货物出现突发性事故,将对库区饮用水源地水质安全造成严重影响;另一方面从侧面反应了三峡库区工业生产及需求量的迅速增长,尤其是化学工业的增长增大了突发化工污染事故对库区水源地水质影响的风险。

目前,三峡水库干流水质总体以Ⅱ、Ⅲ类为主,但局部水域存在总磷、总氮、石油类、铅等指标的超标现象,有些支流、库湾等局部水域还频繁爆发水华,这些也对饮用水源地水质安全构成威胁。

6.1.3.4　下游湖泊河网生态安全水平下降

受长江干流及主要入湖支流水情、水质以及湖区人为活动影响,鄱阳湖、洞庭湖等大型湖泊的生态安全水平下降,水质总体呈下降趋势,富营养化趋势加重,局部河湾段有爆发较大规模水华的风险。湖区湿地生态系统退化,生物多样性受到严重威胁。

6.2　存在的问题及"十二五"科技需求

6.2.1　存在的主要问题

6.2.1.1　支流水华防控手段缺乏

支流污染成为影响流域水环境安全的重要因素,位于重庆市等地的支流尤为明显。2004~2009年,三峡水库发生水华共80余次,覆盖库区21条支流。三峡水库支流上游及回水区设置有30余个饮用水源地保护区,尤其在御临河、小江等支流回水区设置有重要饮用水取水口,支流水体富营养化对该区域饮用水源地水质安全构成威胁。同时,水体富营养化伴随的水华现象,导致水体透明度降低、水体溶解氧骤减、水体毒素增加等问题,严重影响了水体生态平衡。

根据水库水体富营养化发生的原因及机制,其治理途径和措施主要有:控制或转移氮、磷等外源性营养盐的输入;调引清洁水冲洗、稀释、扩散营养盐的浓度;对库底污染底泥进行疏浚或者曝气;提高水生植被覆盖率以净化水质;放养能够摄食蓝藻的鱼类等;在水华爆发时采用物理或化学方法除藻等。然而,在经济承受能力有限、水文地理情况复杂的三峡库区,这些方法在技术上和经济上均遇到了较大的困难。

6.2.1.2　库区水源地保护措施尚不健全

三峡及上游两岸化工厂林立,船舶流量较大,易燃、易爆、有毒化学危险品的生产、贮存、运输日益增加,突发性水污染事故风险较大,对三峡水库饮用水源地安全构成威胁。就2006年一年,发生突发性水质污染事故3起,导致数万人饮水间断3 d以上。自2006年以来,共发生水上交通事故70余起,局部水面受到污染。

由于三峡库区上游属经济欠发达地区,工矿企业众多,陆路交通欠发达,河道运输占有较大比重,且该地区环境应急工作基础薄弱,应对环境突发事件的能力较低,应急措施尚不健全,不能满足库区水环境保护的要求。一旦出现突发性水污染事故,将造成重大的经济损失和生态环境破坏。

与此同时,水质超标和支流水华频发也对库区水源地造成了一定的威胁。但如前所述，由于水质超标、支流水华防控困难，特别是缺少防控水华的有效手段，因此水源地的水质保证率难以得到保障。

6.2.1.3　下游江湖河网水生态环境受到威胁

长江中下游流域是我国人口密度最高、经济活动强度最大、环境压力最严重的流域之一，流域水环境问题日渐突出，饮用水水源和水生态安全面临考验。受长江干流及主要入湖支流水情、水质以及湖区人为活动影响，鄱阳湖、洞庭湖等大型湖泊的生态安全水平下降，水质总体呈下降趋势，富营养化趋势加重，有爆发较大规模水华的风险。湖区湿地生态系统退化，生物多样性受到严重威胁。

6.2.1.4　水库调度较少考虑生态环境需求

梯级水库群调度直接影响水库上下游的水体，是防控支流水华、保障库区水源地和改善下游江湖河网水环境的重要途径，在改善水环境方面有巨大的潜力。

“十二五”期间，向家坝、溪洛渡水电站投入运营，形成三峡－向家坝－溪洛渡三个大型梯级水库群，水库群优化联合调度实施将提上日程。当前水库调度主要只考虑防洪、发电、通航等传统效益，较少考虑防控水华、改善水质等生态环境需求及效益，传统水库调度模式急需改进，以兼顾解决库区及下游生态环境问题。

6.2.2　“十二五”科技需求

三峡工程是治理开发和保护长江的关键性工程，具有巨大的防洪、发电、航运、供水等综合效益。同时，三峡大坝的阻隔及水库径流调节的驱动，对三峡库区及其关联区域的生态与环境产生了巨大的影响，尤其是近年来出现的支流水华问题及库区水质污染问题受到我国及国际社会的高度关注。

“十二五”期间，金沙江流域将建成向家坝、溪洛渡等梯级电站，届时将对三峡水库上游水流、水质、泥沙等入库条件产生重大影响，三峡水库干流水质及支流水体富营养状态将发生重大变化。加之《三峡后续工作总体规划》及国家2011年中央一号文件相继出台，在国家发展战略及地方经济发展等层面上对三峡及上游梯级水库群赋予了更重要的任务。“十一五”的研究成果已不能完全满足国家对三峡工程的需求，基于三峡及下游水环境现状和趋势，如何利用水库群联合调度来防控支流水华、保障库区水源地和改善下游水生态环境，还需进行深入探讨和研究。

第7章 三峡水库流域系统治理需求与战略对策研究

7.1 系统治理的科技需求

7.1.1 防控支流水华的水库群联合调度技术需求

一方面,需要在弄清支流水华生消的机制基础上,及时预测预报支流水华态势,并在早期告知地方及时采取相应措施以缓解水华造成的损失;另一方面急需一种能够整体控制支流水华并对水生态不构成二次污染的技术方案,以缓解水华问题带来的负面影响。三峡水库可变库容大,结合上游梯级水库联合调度能够对库区水动力条件产生较大影响。如何通过水库群联合调度方法改变库区水流进而控制支流水华,形成防控支流水华的水库群联合调度技术,是三峡库区迫切的科技需求。

7.1.2 保障库区水源地安全的水库群联合调度技术需求

饮用水源地水质安全是居民生活的基本保障,也是保证库区经济快速发展的根本前提。三峡水库建成以后,流速变缓、水体滞留时间增加,三峡上游及库区的大量工业、农业污染排放到水体后不能很快地消散和稀释,造成了大量污染物滞留。加之三峡库区船舶负荷加大,流动污染源增多,易燃、易爆、有毒货运频发,加大了库区突发性水质污染事故的风险。如何预警预报库区饮用水源地的风险,选择适当的水库群联合调度方式,防止水源地水质恶化、应对突发性水质污染事故是库区发展的前提。

7.1.3 改善下游江湖水环境的水库群联合调度技术需求

三峡工程蓄水运行改变了长江中游的水文、水沙条件以及水生生物生长条件,对长江中游干流和通江湖泊的生态环境将产生长期性影响。如何探明水库群联合调度下三峡下游关联区域的长江中游江湖生态环境安全响应机制,研发其预测预报关键技术,形成综合评判指标体系,提出保障下游水环境安全及水生态良性发展的水库群联合调度准则,形成改善下游江湖水环境的水库群梯级联合调度方案,是三峡下游水生态环境可持续发展的关键技术支撑。

7.1.4 形成具有三峡特色超大型水库水污染防治和环境综合管理整装技术的科技需要

由于三峡水库的特殊性,在典型库区小流域实现具有三峡特色超大型水库水污染防治和环境综合管理整装技术集成是当前十分迫切的科技需要。在不断深化超大型水库生态环境湖沼化演进规律及富营养化调控机制相关科学认知的基础上，通过重点小流域的综合示范，提出保障三峡库区社会-经济-环境协调发展的流域水环境技术管理战略，突破超大型水库水环境治理关键技术难点，实现关键技术的整装集成，形成我国（超）大型水库水污染综合防治与生态安全保障的综合方案，为三峡水库水污染防治规划和水环境治理实践提供科技支持，切实保障三峡水库的水环境安全。

在目前三峡水库污染防治任务较重、防治措施尚不成熟的前提下，以库区典型支流开展流域水污染控制与生态修复的集成示范是进行三峡水库污染防治经验积累、防治效果浓缩体现及快速评价的重要手段，有利于污染防治工作的有的放矢和择优去劣。同时，形成的流域水平的流域综合管理模式，对类似流域管理的推广具有重要借鉴价值。

7.1.5　库区支流流域快速发展对城镇一体污染减排技术的科技需求

库区污水处理厂出水水质标准是按一级B标准设计的，不符合当前国家对库区水质的要求，根据有关规定，三峡库区的城市污水处理厂应达到《城镇污水处理厂污染物排放标准》（GB 18918—2002）一级A标准，且由于工艺选取和设计标准等，排放水质不稳定，需要进行工艺改造。

小城镇污水处理厂建设与城市污水处理厂建设有较大区别，小城镇的污水中主要是生活污水，工业污水较少，种类较单一，但1 d内水量和浓度变化较大，传统的生化处理技术难以适应。此外，建设和运行成本也是小城镇污水处理厂建设的重要因素，小城镇的居民收入较低，难以维持较高的污水处理费用。因此，因地制宜地筛选适合小城镇污水处理的工艺技术、科学合理地制定小城镇污水处理厂排放标准，是实现小城镇水污染治理的关键。

7.1.6　结合库区支流生态防护带建设开展流域农业面源立体防控的科技需求

2009年三峡工程建成后，数量巨大的移民活动造成库区新的水土流失。新垦耕地土质及保水保肥能力差，化肥和农药容易流失，利用率仅为30%左右，其余近70%的部分进入地表水和地下水中，造成农业面源污染加重，水质富营养化，成为库区水体中的主要污染源。库区农业在耕地减少后，为缓解粮食供应压力，农用化学品投入量逐年上升，导致大量化肥农药进入地表水环境，降低水体质量和使用功能，并直接对库区水生生态系统构成危害，农田径流污染对库区水质的影响将越来越突出。针对三峡库区面源污染防治缺乏适用技术的情况，开展库区丘陵区的从上而下的面源污染拦截和消纳综合技术研究，开发具有独立知识产权面源污染物的垂直拦截和消纳技术及模式，为三峡库区面源污染控制与治理提供科技支撑，对提高库区面源污染防治水平、保护库区水环境安全，推动库区经济—环境协调可持续发展具有十分重大的现实意义，同时也符合《国家中长期科技发展纲要》有关建设资源节约型和环境友好型社会相关优先主题的要求。

7.1.7　库区支流退化河段和湖滨带水环境治理及生态保护的科技需求

小城镇群次级河流及其消落区的水环境问题包括近岸污染带与水陆交叉污染两方面，一方面，蓄水后水体自净能力的减弱、点面源污染的加重使得消落带周围的近岸水体污染有加重的趋势,在城镇和乡村带江段尤其严重。另一方面,蓄水后,原来生长在沿江两岸的大量动植物被淹没后,部分动物淹死腐烂,植物在库水长期浸泡之下,根、茎、叶逐渐腐烂变质,分解、释放污染物质,同时被淹耕地中残留的有机物、农药、化肥也将向水中逐步释放污染物质。水位的季节性涨落可能促进这些污染物质向库区水体迁移,造成消落带水体富营养化、化学毒物污染等环境问题。

滨城次级河流水环境形势严峻,综合治理任务艰巨,既有城市污水排放和城镇基础设施滞后、结构不合理所带来的点源污染,又有过量化肥、大量禽畜养殖业、生活垃圾等带来的面源污染,还有湖泊开发利用方式违背生态规律的问题。

7.1.8　基于生态安全的水库优化调度的科技需求

大坝人工调蓄的水文情势变化是三峡水库干、支流生态环境演化的主要驱动要素,汉丰湖作为降低三峡蓄水对支流消落区影响的“新生水库”,其水文情势受到三峡水库和小流域的双重影响,传统的水坝调节方式未充分考虑水位波动对水生态与水环境的影响。根据库区及汉丰湖的水动力学特征,分析水位波动与水质、藻类增殖、湿地水生植物生长之间的相互关系,构建高精度的水动力学和水生态耦合模型,揭示关键水动力学过程的动态变化以及水质、水生生物的响应关系,提出调节坝生态水力学调度技术,优化关键河段流场条件(流速场、温度场等),是实现汉丰湖生态系统良性发展的重要保证。同时,开展基于生态的水库多目标优化调度研究也是实现三峡工程可持续发展的重要技术基础。

7.1.9　库区支流水污染综合防控与生态修复的科技需求

库区支流污染防控单靠目标总量控制无法应对库区复杂的水环境条件,水华爆发的面越来越宽、污染越来越重说明次级河流生态系统较为脆弱,以固定的水环境目标来制订点源和面源削减策略,脱离了河流当前的环境质量,难以适应污染形势的发展。从污染现状与发展趋势看,库区支流水环境问题最为突出。从规划实施以来,次级河流的整治项目进展并不顺利。除了经济和投资原因外,适应于库区次级河流、小流域季节性特征、土地利用和土壤特征、地形构造特征,且在水库运行后,适应水文和水质情势新的变化的综合整治与控污策略、对污染源头和末端控制的经济实用技术体系尚未形成。国内其他流域治理的技术与经验又不能简单挪用于三峡库区。因此,库区次级河流水污染综合防控与生态修复关键技术需求明显。

7.2　战略对策

具体各需要解决的关键问题的战略对策有待“十二五”水专项三峡水库相关课题研究成果验收后进行总结凝练。

7.2.1　库区生态环境保护指导思想

坚持环境保护基本国策,坚持“以开发促进治理,以治理保开发”的生态环境建设方针,处理好人口、资源、经济、环境之间的关系,坚持经济发展、移民安置与保护生态环境相协调的原则,坚持主动预防、经济治理的方针,实施生态经济型发展战略,促进经济增长方式的根本性转变,实现由传统发展方式向可持续发展战略的转变。

7.2.2　战略目标

7.2.2.1　第一阶段目标(1996~2010 年)

基本控制三峡库区环境污染和生态破坏的趋势,局部地区生态环境质量有所改善,将三峡污染物排放总量控制在目前水平。抓好水污染集中控制治理工程建设,加强城市基础设施建设,改变不合理的能源结构状况,保护饮用水源,控制好农村广域面源污染,有效遏止水环境质量和大气质量下降的趋势,使三峡库区城市区段的环境质量有所改善。基本治理水土流失,有效防治山地和城市重大地质灾害,妥善保护物质、景观及各具特色的自然保护区。

7.2.2.2　第二阶段目标(2011~2020 年)

总体改善三峡库区生态环境质量,局部地区环境质量明显好转,农业生态环境稳定并步入良性循环。较大幅度地降低各种污染物排放量,大力加强城镇基础设施建设和生态环境保护,大规模建设集中控制治理设施,较明显地改善库区长江干流和支流的生态环境质量,区域经济和社会环境走向可持续发展。

7.2.2.3　第三阶段目标(2021~2030 年)

三峡库区及上游点源排污全部达标排放,库区生态环境得到较大幅度的提升,水环境质量全面达标,农业及农村面源污染得到有效控制,农田生态环境得到改良。区域水质、水量、水生态联合调控技术基本成熟,可基本实现人工调控区域水生态环境,发挥长江黄金水道的作用,保障生态环境可持续发展。

7.2.2.4　第四阶段目标(2031~2050 年)

三峡库区生物群落得以全面恢复,生物多样性得到保障,全部水功能区稳定达标,点源污染总量逐年减少,面源污染得到全面控制,面源污染土地得以修复,全流域干支流河流生态环境稳定并保持良好状态。全社会步入人与山、水、林、田和谐发展的新时代。

7.2.3　战略方针

从建设长江上游和西部经济中心、建设现代化都市的战略高度突出生态环境保护对三峡库区发展的战略地位和作用,把库区的生态环境保护放在区域经济、流域经济与国民经济的宏观格局中思考与规划,做到区域内外兼顾,流域上下结合,发挥治理保护的整体效益;实施全面防治、重点突破、分级治理、逐步改善的渐进式发展战略。在切实保护生态环境、促进经济发展的前提下,调整工业布局和产业政策,优先发展无污染或少污染产业,大力推广清洁生产技术和资源综合利用技术,建立现代工业文明新体系。持续实施农业综合开发工程,大力发展生态农业,改进耕作技术,提高森林覆盖率,将三峡库区建设成为具有世界意义的生态经济区。

7.2.4　三峡水库水环境综合防治对策建议

7.2.4.1　三峡库区典型次级河流污染负荷综合治理对策

在对三峡库区空间分布和产业、城镇结构有代表性和典型性的次级河流上开展水环境质量和水生态特征调查的基础上，通过解析次级流域社会经济结构、土地利用布局、产业布局等社会经济主要特征与污染物排放量的相关性，结合流域污染源构成和主要影响因素识别与社会经济发展规划趋势的研究，提出基于典型性、前瞻性分析基础上的综合整治范式和中长期规划，为三峡库区次级河流污染综合整治提供方向指导。选择三峡库区上中下游 7 条典型次级河流（大宁河、澎溪河、龙河、桃花河、梁滩河、龙溪河、苎溪河）作为目标河流，对其 2007~2010 年水质状况开展水质评价及分析，并对底质开展调查和分析研究，详细了解了典型次级河流水质和水生态状况，明确了水环境特征。根据流域污染负荷特征情况和研究得出的流域优先控制区域，结合三峡库区"十二五"和"十三五"期间需要实施的主要工程项目，从流域、区域、污染源三个层面制定中长期治理和保护方案。提出的 7 条典型次级河流流域污染综合整治方案和主要工程措施已纳入《三峡库区及其上游水污染防治十二五规划》。

7.2.4.2　三峡水库应持续开展水量水质优化调度改善水库水质

总体上，三峡水库 2011~2012 年开展多目标优化调度后，水环境状况得到明显好转。特别是库首和库腹的支流，水质改善效果尤为明显。

在水华方面，在 2008~2010 年，库首和库腹的主要支流多次发生水华，藻类密度和叶绿素 a 浓度均处在较高水平。具体表现在，库首和库腹部分支流经常爆发大规模水华，叶绿素 a 的浓度可达到正常情况下的 10~20 倍。相比之下，库尾支流水华爆发的次数较少。2011 年，在"调度改善水质"方案的作用下，水华爆发次数明显下降，叶绿素 a 浓度、藻类密度均维持在较低水平。具体表现为，库首主要支流（如香溪河）的水华爆发强度和频次相比于调度前有明显下降，到目前为止，库首的主要支流均无大规模水华的发生。对于库腹的大宁河和小江等支流，叶绿素 a、总氮、总磷和藻类密度等指标均维持在较低水平，说明"调度改善水质"方案对库腹支流的水华爆发有一定的抑制效果。但在库尾，水华爆发情况变化不大。由此说明，调度对库尾河流水华控制的作用不明显。

在水质方面，三峡水库库首主要支流的季度水质比较表明，库首支流（如香溪河、九畹溪和青干河）在调度后的水质水平和富营养化指数都比调度前有明显改善。三峡水库库腹主要支流水质的月均值和季度均值比较表明，库腹主要支流（如大宁河和小江）调度后的水质和富营养化指数水平都比调度前有一定程度的下降。由此表明，优化三峡水库调度可有效地抑制库腹支流水质恶化和水华加剧的趋势。三峡库尾主要支流水质的月均值和季度均值比较表明，库尾主要支流（如乌江和嘉陵江）水质受三峡大坝水量调度的影响不明显，即"调度改善水质"方案的实施对库尾没有显著的改善作用，可以认为这些支流水环境状况的主导因素为上游来水水质和本地污染源排放。

7.2.4.3　应继续加强三峡水库消落带生态系统改良和优化

消落带作为水域与陆地生态环境的过渡地带，其生态系统将受到来自水陆两个界面的交叉污染。一方面水域中的一些污染物由于风浪和库中水体的运动，将向两岸消落带移动,水中的部分垃圾将进入消落带;同时,水中的一些营养物质也将进入消落带的下部土壤中,导致富营养化。另一方面三峡库区人口密集,水库两岸人类活动频繁,人类生产、生活产生的大量废物和垃圾、工业废水、生活污水都将经过消落带进入水库,造成水体污染。

(1)减少入库污染负荷。通过适生性(耐水淹和耐干旱)和去污性(总氮和总磷)等生理生化试验筛选出一批适合在消落带生长和具有高效去污能力的植物与微生物,并根据植物生长、繁殖特性及水位变动进行不同海拔高程植被的科学配置,实现了对原有不稳定和退化的消落带生态系统进行改良和优化,将示范区消落带改造成能高效拦截上缘污染物的生态保护屏障带。

(2)减少水土流失。通过对土壤进行稳固、改良并种植高效保土的植物物种,提高了消落带生态系统的水土保持能力。消落带生态防护带不仅能减少入库污染物负荷,也能较好的减轻示范区内及上缘的水土流失,最终将消落带修复成减缓三峡库区水土流失的坚实堡垒。

(3)改善库区景观效果。陡坡消落带示范区在示范前植被覆盖度不到 20%,且存在大面积裸露岩质边坡,但施工后植被覆盖率明显提高,达到了 95%。缓坡消落带示范工程和湖盆示范工程也明显提高了示范区的植被覆盖度,示范区建设后其植被覆盖率均超过了 90%。尤其是湖盆消落带示范工程通过对原有淹没水田的改造,构建了消落带湿地生态系统,并种植了大量的具有观赏性的湿地植物(荷花、慈姑、雨久花等),对改善消落带的景观效果起到了试点示范的作用,同时也为长江三峡黄金旅游增添了一道亮丽的景观。

(4)提高库区农民经济收入。示范区种植的银合欢、紫穗槐、苎麻、桑、花椒、木姜子、构树、狗牙根、扁穗牛鞭草、香根草、黄栌、竹等具有良好的经济价值,对示范区低产的经济柑橘林进行了品种改良和林下经济作物的配置,提高了当地农村农业产值。因此,示范工程应在库区大面积推广,通过在消落带大量种植经济作物将明显提高库区群众的经济收入,并有助于解决三峡移民的增收和致富难题。

7.2.4.4　三峡水库支流水华事件的应急处置预案

藻类水华是指由于水体中营养物质丰富,水体中藻类数量急剧增殖的现象,它关系到当地居民的生活甚至是人身安全。为了保障人民的安全与利益,维护社会的稳定,制定一份高效应对藻类突发性污染事件的应急处置预案是十分必要的。本预案适用于三峡水库水域范围内支流库湾水体藻类水华爆发引起的生物性污染及其他与其相关的严重水污染事件的应急处置工作。

1.控制程序

(1)总指挥部接到来自监测站或者群众的污染事故报告后,应迅速组织调查组赶赴现场进行调查,根据专家组意见,提出先期处置建议,及时有效地进行处置,控制事态发展,向政府提出启动应急预案的建议。

(2)根据事故的污染严重程度,总指挥应召集应急各小组首要负责人开会商议,决定是否封闭事发区域、紧急调用物资设备和人员等重大工作。总指挥还应分出一个应急督促小组,主要负责检查各部门工作的落实情况,并联络、传达各部门的信息情况。

(3)各个应急组在收到消息后,立刻采取相关措施以减小损失。

2.应急处置措施

当藻类水华发生时,监测站应随时跟踪监测污染带,掌握藻类水华爆发污染程度和变动情况,迅速判明污染性质,向上级递交初级报告。自来水厂原先未被污染的水质,以最大能力供给用户。截断污染水源后,及时通知当地居民、绿化、娱乐、洗浴等限制用水并削减工业用水。需要时再启动备用水源,保证社会生活稳定有序。通过各种媒体通知单位和居民及时做好应急储水工作,加强节约用水。事故调查组根据实际情况设定封闭范围,控制无关人员进入现场,如有毒害危及人身安全时应及时疏散当地居民。专家组对污染进行跟踪监测,分析研究提出科学建议,并采取除藻有效措施。期间若发生中毒伤亡事件,医疗救护组给予急救。

特别严重的污染事故,应在现场取证追查根源,并追究责任。相关政府机构可对涉及单位落实停产,限制有关工业生产等。

7.2.4.5 三峡水库库区流域水污染防治中长期系统方案

为保证三峡库区流域水环境,库区污染控制对策从以下几方面入手。

1.经济结构调整

积极调整和转型第一产业,巩固和优化第二产业,壮大和提升第三产业,大力发展现代农业、现代制造业和现代服务业,发展知识密集、技术密集、高效益、低消耗、少污染、具有竞争优势的产业,形成符合城市功能要求、体现资源比较优势的产业结构。

调整和转型第一产业就是要促使传统产业向都市型农业转型,现代化发展水平较高,可以充分利用城市资本、人才和技术,实现规模化、设施化生产和产业化经营的花卉苗木业、蔬菜种植业、养殖业和休闲观光体验农业。

做大做强工业经济是库区经济增长的根本,库区要走新型工业化道路,继续发展和壮大工业的支柱地位。基于主导工业行业的分析,大力发展装备制造业、以电子信息产业为主的高科技产业、劳动密集型的低污染轻工产品制造业。工业要从过去以量的扩张为主转向以质的改善为主,进一步调整行业结构和空间布局,培育具有竞争优势的产业集群,积极发展循环经济,形成能耗低、水耗低、排放少、能循环、投入产出高效的工业。

壮大和提升服务业,加强服务业向第一、第二产业的渗透,培育与工农业密切相关的金融、保险、证券、信息咨询、商贸流通等现代服务业,发展教育、文化、旅游、体育、医疗等高层次服务业。

调整目标:至2015年三产结构比例调整为3.88∶43.6∶52.52;2020年三产业结构调整为2.32∶41.67∶56.01。

2.区域污染控制

加强区域间联防联控,优先控制库区敏感区域。在进行库区流域水污染控制减排时,优先削减敏感性指数高的地区污染物;同样,如若未来规划发展需要,主要发展地区可以选在优先发展敏感指数较小的地区。

建议措施:主要控制库区内氨氮污染物排放,严格实施总量控制。氨氮排放的重点防控区域应为长寿区、重庆主城区、涪陵区;COD排放的重点防控区域应为重庆主城区、涪陵区、江津区、忠县、长寿区。三峡库区沿江各区县COD污染优先控制顺序排名,依次为江津县、忠县、长寿区、秭归县、涪陵区、万州区、巴东县、云阳县、奉节县、丰都县、重庆主城区、巫山县;氨氮污染优先控制顺序排名,依次为长寿区、重庆主城区、涪陵区、江津县、丰都县、万州区、奉节县、巫山县、忠县、云阳县、秭归县、巴东县。

3.工业污染治理

进一步加强库区重点企业的排污监控,尤其对排污负荷较大的企业,对污染负荷不达标或超出排污总量控制的企业严格实行关、停、并、转,或采取改进处理工艺、扩大处理规模等措施,严格执行排污总量控制。

加快传统行业升级改造,大力推进清洁生产。到 2015 年,绝大部分传统产业实现升级,几大传统产业能耗、水耗、污染物排放等主要资源环境控制指标达到国内先进水平,工艺技术水平和装备水平达到国际先进水平,传统支柱产业具有更强的整体国际竞争力。

切实淘汰落后工艺,根据国家产业政策,对于一些工艺技术落后和污染严重的工业生产线予以关闭取缔,关停小造纸、小钢铁、小水泥和小火电等属于淘汰范围内的落后产能,大幅度削减工业污染物,提高整体工业水平。

对新建企业严格实行环境准入规定,进行清洁生产审计,使库区的工业污染负荷实现零增长、负增长。

大力发展循环经济、加快工业园区建设。促进入园企业产业升级和工业生态链建设,通过能源、水资源的梯级利用和废物的循环利用,形成工业企业共生和代谢的生态网络。

4.城镇污水治理

根据对三峡库区城镇污水处理厂的基本运行情况和处理能力的调查,截至 2009 年年底,所涉及的三峡库区重庆段和湖北 4 个区县的污水处理厂污水设计处理能力总和为 2 063 756.16 t/d,即 75 327.10 万 t/年,根据系统模型的模拟,情景 8 在 2015 年和 2020 年时,城镇生活污水的理论产生量分别为 105 539 万 t/年和 138 701 万 t/年,都超过了现在三峡库区城镇污水设计处理能力,超出量分别为 30 211.9 万 t/年和 63 373.9 万 t/年。因此,到 2015 年和 2020 年,现在的城镇污水处理厂远不能满足处理需求,需要新建、扩建或通过工艺升级改造污水处理厂来满足城镇的污水处理能力。

部分城市由于城区面积扩大、新城区建设等原因,已建城市污水处理厂规模无法扩大或污水收集范围无法覆盖整个城区,需新建城市污水处理厂。库区已建城市污水处理厂大多按照 2010 年预测负荷设计的,近年来由于城市化进程加快,城市污水负荷加速增长,部分污水处理厂已达到或接近设计处理规模,需要进行扩建。库区污水处理厂出水水质标准是按一级 B 标准设计的,不符合当前国家对库区水质的要求,根据有关规定,三峡库区的城市污水处理厂应达到《城镇污水处理厂污染物排放标准》(GB 18918—2002)一级 A 标准。且由于工艺选取和设计标准等原因,排放水质不稳定,需要进行工艺改造。建议在 2015 年前,对现有污水处理厂进行扩建和工艺改造,使出水水质达到一级 A 标准。

与污水处理厂配套的管网建设也应加强,按照《三峡工程后续工作规划》、《重庆市城乡总体规划(2007~2020)》,“十二五”和“十三五”期间进一步加大城市污水管网建设,扩大城市污水厂的覆盖范围,提高城市污水收集率,到 2020 年城镇生活污水处理率达到 100%。

5.规模化畜禽养殖污染治理

以规模化养殖场和养殖小区为规模化畜禽养殖污染治理的重点,对产生的污染物通过有机肥堆肥及沼气进行利用。远期通过逐步规划养殖范围,对规模化养殖场产生的废水通过沼气池、生化处理和用作农田肥料等措施进行减量和综合利用。

1)农牧结合、种养一体

种植业和养殖业是相互促进的两个行业,养殖业可以从种植业获得饲料,而养殖业的废料又可以成为种植业的肥料。近年来,人们为了追求高效率和高利润,逐渐放弃了种养结合的清洁生产模式,大量的化肥取代了有机肥,而畜禽粪便成了水污染源。因此,运用生物技术与生物工程技术综合利用畜禽排泄物,走种植业与养殖业相结合的道路,实现生态系统中的种植业与养殖业相互支持相互协调的良性循环,可有效减少畜禽养殖的污染物排放。

2)畜禽粪便的综合利用

(1)用作饲料。畜禽粪便用作饲料可降低饲料成本和产品价格,饲喂反刍家禽可确保日粮中所需蛋白质、磷和其他养分的自给自足。

(2)生产沼气。利用畜禽粪便生产沼气,既可开辟能源、节约燃料,又可改善人畜环境。在规模化养殖场建设粪污前处理系统、厌氧消化系统、好氧污水处理系统、沼气利用系统、固体有机肥料生产系统、沼液无害化处理及商品化液体肥料加工系统,减少粪便污染。

(3)生产有机肥。畜禽粪便经过无害化处理,可作为优质的有机肥肥源。将规模化畜禽养殖场产生的粪便进行加工处理,实现有机肥生产产业化,既可以降低畜禽养殖对水体的污染,又能产生经济效益。

3)合理布局养殖场

根据《重庆市畜禽养殖区域划分管理规定和重庆市畜禽养殖区域划分及养殖污染控制实施方案的通知》(渝府发〔2007〕103),三峡库区水域及其200 m内的陆域为畜禽禁养区,三峡水库环库区水质影响带为限养区。根据通知,畜禽禁养区内禁止新建、扩建、改建畜禽养殖场。已建的畜禽养殖场由区县(自治县)人民政府责令关闭或搬迁。畜禽限养区实行畜禽养殖存栏总量控制。畜禽养殖存栏总量超过畜禽养殖存栏控制总量的,不得新建、扩建畜禽养殖场。限养区要严格控制经营性养殖规模,鼓励养殖向适养区适度规模集中发展。建设规模化养殖场必须执行排污申报、环境影响评价、排污许可等规定,配套建设污染防治设施。

6.种植业污染治理

农田种植业存在的主要环境污染问题是氮、磷等肥料和农药的流失。三峡库区人口众多、人均耕地面积有限,解决粮食和食品供给需要长期不懈的努力,“以化肥换粮食”可能是长期的策略,化肥的使用在一个相当长时期内还会维持在高水平。提高化肥利用效率是种植业环境保护的重要方针,加强技术指导和管理是改进种植业环境保护的关键。

(1)强化环保意识,加强土壤肥料的监测管理。

应在各区县加强教育,提高群众的环保意识,使人们充分意识到化肥污染的严重性,调动广大公民参与到防治土壤化肥污染的行动中。在整个库区范围内,利用培训班、广播、卫星电视、网络、光盘等现代媒体技术，结合宣传卡片、村务公开栏、科技入户等形式，对广大技术人员、农民示范户，开展宣传培训。使每个农户至少有一个劳动力掌握农业面源污染防治相关知识，全面提高三峡库区广大农业生产者的环境保护意识。

注重管理，严格化肥中污染物质的监测检查，防止通过施肥带入土壤过量的有害物质，最终通过降水汇入河流，造成水体污染。在库区区县分批建设农业生态环境质量监测中心，对肥料、农药等流失情况进行动态监测，为快速、准确防治农田径流污染提供依据。

(2)增施有机肥。

有机肥是传统的农家肥，包括秸秆、动物粪便、绿肥等。施用有机肥能够增加土壤有机质、土壤微生物，改善土壤结构，提高土壤的吸收容量，增加土壤胶体对重金属等有害物质的吸附能力。利用土壤微生物先将化肥中的氮同化，然后缓慢释放提高氮肥的利用率，减少氮肥流失。在库区，推广化肥替代技术，利用有机肥料、作物秸秆以及种植绿肥作物等方法，补充土壤有机碳源，改良、培肥土壤，提高土壤自身对氮磷养分的蓄存能力，降低氮、磷流失风险。

(3)测土配方，平衡施肥。

测土配方、平衡施肥，即配方施肥，是依据作物需肥规律、土壤供肥特性与肥料效应，在施用有机肥的基础上，确定氮、磷、钾和中、微量元素的适宜用量和比例，并采用相应科学施用方法的施肥技术。氮肥超量施用以及氮、磷、钾比例失衡会降低作物对化肥的利用率，增大淋溶和径流损失。针对三峡库区施肥过量问题，在进行分区管理、调整作物整体布局的基础上，全面开展测土配方施肥，进行农田施肥总量控制。考虑不同作物、不同种植模式需肥特点，制定兼顾经济效益与环境风险的农田肥料施用限量指标，同时引进多功能高效施肥器，快速、精准、高效地施用肥料，为农田施肥总量控制提供物化产品支撑。

“十一五”期间，三峡重庆库区推广测土配方施肥78.27万hm^2。在此基础上，加大测土配方施肥面积。

(4)改进施肥方法。

氮肥，主要是指铵态氮肥和尿素肥料。据农业部统计，在保持作物相同产量的情况下，深施节肥的效果显著，碳铵的深施可提高利用率31%~32%，尿素可提高5%~12.7%，硫铵可提高18.9%~22.5%(程声通，2010)。磷肥按照旱重水轻的原则集中施用，可以提高磷肥的利用率，减少污染。三峡库区应由目前的散施变成深施，水田土壤施入5~15 cm的还原层，旱地土壤施入10~12 cm土层。

(5)控制施肥的种类、数量和时间。

酰胺态氮不易被土壤吸附，极易流失，不宜作基肥。在库区范围内，根据不同作物、不同生育期、不同土壤供肥特点，优化施肥时期、方法和用量，实现适期追肥，提高氮、磷肥料利用效率，减少农田氮、磷流失风险。鼓励分次、少量施肥，严格控制氮肥的施用量，改变不利于环保的耕作方法。

(6)农药污染防治。

农药污染防治的目标是：高毒、高残留农药全面禁用，常规化学农药用量大幅削减。在农田径流非常敏感的区县，禁止使用化学农药，其他区县也应严格控制化学农药的用量。大力推广病虫害生物防治、物理防治以及农药高效施用等新技术、新品种和新工艺，积极推动化学农药替代技术实施计划。根据病虫草害的种类、特性、发生规律和作物生长特点，精确、高效施用农药，减少农药用量。

除从源头上减少种植业污染物的产生量外，通过退耕还林、坡改梯田、设置等高植物篱、采取保护性耕作等工程措施，并配合以生态控制措施，在污染物入河时进行拦截，减小种植业污染物入河量。

7.农村生活污染及散养畜禽污染控制

对于农户散养的畜禽污染和三峡地区较为分散的农户生活污染，农村户用沼气池是处理的最佳方式。每户对养殖圈舍进行改造，人畜粪便进入沼气池、化粪池或堆沤池。据《三峡水库生态安全保障方案》的相关调查，三峡库区农村适宜沼气户约占 45%。至 2010 年，三峡库区农村沼气已累计发展到 41 万户，沼气入户率达到 11%，应继续加快户用沼气推广，预计到 2020 年三峡库区沼气入户率达到 45%。

具体各需要解决的关键问题的战略对策有待三峡水库相关课题研究成果验收后进行总结凝练。

7.2.5　库区生态环境治理对策和措施

7.2.5.1　从治理方法角度提出对策

(1)加强水土流失治理，积极防治山地灾害和城市地质灾害。

三峡库区是国家实施“长治工程”“长防工程”“中低产田改造工程”的重点地区，今后要持续实施三大工程，水土保护以小流域为重点，全面规划，综合治理，加大水土流失治理的投入资金和治理范围，加快水土流失治理速度，加快三峡库区几个自然保护区的建设。

山地灾害的防治坚持“以防为主、防治并重、综合治理、突出重点”的基本方针，地方地质灾害防治坚持“全面规划、重点突破、起点较高、速度较快；早治、根治、消除隐患、确保安全”的基本方针。加强地质环境保护，建立和完善基本建设项目地质环境评价管理方法，将地质环境论证纳入基本建设审批程序。建立环境地质检测系统（重点建立国家级预警预报系统），积极探索城市抵制灾害的“勘察—监测—治理—开发”一条龙新模式，变害为利。

(2)加强长江上游保护林带建设。

全力保护和恢复上游水源林地，增加植被面积，促进长江上游日渐脆弱的自然生态环境尽快步入良性循环。

三峡库区两岸应建设成为我国南方的森林带，不仅有利于保护库区大量古树古迹和珍稀动物，美化三峡景观，而且有利于调节气候、净化水质、减少水土流失和滑坡，并在库区两岸形成优美的绿色生态屏障，保证三峡库区拥有良好的自然生态资源，永久性成为全世界为之赞美的自然景观和旅游热线；严禁在长江干流及支流两岸毁林开荒，开山采石；原则上关闭在长江干流及支流两岸开采矿产资源的企业；已开荒地域应当限期还原为林，以促进长江上游和三峡库区脆弱的生态环境较快改善，确保水土流失现象不再加重并逐渐好转。

(3)依靠科技进步削减污染负荷，发展资源综合利用与环保及清洁生产技术产业。

重庆及长江上游工业和乡(镇)企业是三峡库区主要的污染源,目前绝大部分企业装备水平偏低,生产工艺落后,耗能高且排放污染物较多。三峡库区的开发开放势必带动工业产值与产品总量猛增,唯有依靠先进的科学技术控制和改造,才能防止污染物排放总量急剧增加,降低三峡库区环境负荷。依靠科技进步,既扩大了自然资源的可供范围和可供量,还可以提高资源利用率,降低能耗,降低单位产品排污量,有效地削减三峡库区环境污染负荷。

①能耗高、污染重、效益差的落后工艺设备及产品实行限制生产、限期淘汰和限制使用并换之以低能耗、无污染或轻污染、高效益的先进工艺设备,生产无公害产品。

②用先进的脱硫、除尘、污水处理实施及物料回收技术,工业废水综合利用技术,城市垃圾和工业固体废物综合利用技术,提高资源、能源利用率,减少污染物的排放。

③发展环保产业,研制并生产优质、高效的环保新设备,开展环境监测新技术、新仪器、新方法的研究,提高长江上游各地区环保监测与治理能力。

④引进、吸收和利用国际国内先进的污染治理技术、资源回收和综合利用技术、清洁生产技术,促进三峡库区环保高速发展。

(4)转变污染控制战略,全面推行清洁生产。

从根本上杜绝工业污染是实现经济与环境协调发展的最佳选择,也是有效保护三峡库区环境的根本途径。如针对三峡成库后水质恶化、污染加剧的难题,用清洁生产方式,追踪工业废水和生活污水的排放源,究其排放源的产生原因(包括排污企业的生产工艺和原料使用;对产品进行从设计到市场化全过程分析;研究工业布局、产业结构的合理性等深层次问题等),及时采取科学的积极措施严格清洁生产,才能做到 2020 年或稍长的时间内,库区工业大大发展,水质污染非但不会加重,反而比现在有所改善。

7.2.5.2　从管理角度提出对策

(1)建立三峡库区生态经济区。

三峡库区生态经济区将运用生态经济思想指导经济发展,使库区经济发展既遵循经济规律,又服从生态规律;既强调库区经济发展数量,又注重库区经济发展质量;不仅防止生态环境的破坏,而且使各要素与物质更合理的转换,使自然资源得到科学的开发和永续利用。通过三峡生态经济区的建设,实施可持续发展战略,利用三峡库区的资源、区位优势,搞好生态型水域经济和山区综合开发,建设沿 600 km 水域分布且适应生态环境良性循环要求的产业带、产业群和镇群。建议建立三峡生态经济区专题项目并充分论证、研究、规划和实施。

(2)提高领导认识,正确处理环境保护与经济社会协调发展的关系。

生态环境保护关系到重庆,乃至整个西部的兴衰与未来,应当提高全社会特别是各级领导干部对生态环境保护的认识,充分认识并正视重庆和三峡库区所面临的人口、资源、环境与经济发展的巨大压力和尖锐矛盾,充分认识到三峡生态系统脆弱,具有破坏容易、建设难的特点,应当十分突出生态环境保护对重庆和西部地区经济社会发展的战略地位和作用,把生态环境保护纳入国民经济核算体系。在实施总量控制、国家已定库区二类水质的前提下实行环境污染总量平衡核算体现,以求在合理的环境代价下快速发展经济。要正确处理环境保护与经济发展的相互关系,切实协调环境保护与发展经济之间的矛盾。

确立环境保护与经济社会发展并不对立而是相辅相成、相互依赖、相互促进、相互制约的观念，加强突出社会主义市场经济条件下环境保护的政府职能。

在提高认识的基础上，尚需建立各级领导干部环境保护任期目标责任制，实行环境保护业绩审计制度，作为干部调动、升迁、罢免的依据之一。

(3)建立高层次的环境保护决策指导和协调机构。

建议成立长江生态环境保护协调委员会，并由国务院分管环境保护的国务委员担任主任，国家环保局局长及农业部、林业部、水利部部长担任副主任，长江流域七省省长及上海、南京、武汉、重庆市长担任委员，七省四市环保局局长担任联络员，加强对全长江流域生态环境保护的规划、决策和协调。长江上游特别是三峡库区生态环境保护应作为委员会工作的重点。

(4)控制人口、提高人口素质，实现人口增长、资源开发、生态保护和经济发展相协调的良性循环目标。

必须重视人口对三峡库区经济发展和生态环境的影响，从严开展库区人口数量过快增长，努力提高人口素质，促进人口相对均衡分布。

一是坚决执行计划生育政策，把好人口数量自然增长关；二是把好人口的机械增长关，从严控制一般劳动力进入库区的数量和质量，同时积极向库区外输出劳动力；三是努力提高人口的科学文化素质和资源生态、环境素质，使库区巨大的劳动力资源转化为发展经济、改善生态环境的雄厚人力资源，减少对自然资源的盲目和破坏性利用，提高资源的利用率；四是促进人口相对均衡分布，高度重视和研究城镇体系合理布局，坚持贯彻"严格控制大城市规模，合理发展中等城市，积极发展小城镇"的城市发展方针，大力加强小城镇建设，安置移民和吸纳农村剩余劳动力，提高人口的城镇化水平。

(5)调整产业结构和工业布局。

制定产业政策，调整产业结构，优化工业布局。加强对当前长江上游沿岸重污染企业的污染控制，通过技术进步和新建、扩建、改建污染治理设施，限期进行污染整治。严格控制三峡库区及长江干流、支流沿岸新建、扩建重污染工业企业的数量与规模，并限定企业必须自行处理或净化"三废"，新建、改建项目严格实施"三同时"，污染较重行业的环保配套设施要达到相应的行业要求。

尽量减少库区水环境质量的污染负荷：中心城区及库区应根据本地区的环境特点并针对其主要问题，充分利用长江开发和三峡工程建设的发展机遇，大力调整产业结构和工业布局，在三峡库区长江干流沿岸建设一批利用电力和水资源优势的无污染或轻污染工业项目，以促进新的产业群崛起，推动库区经济带建设；采用经济手段和行政措施坚决控制发展高能耗、重污染型产品；现有的高能耗、重污染型企业，不再外延或扩大再生产，必须通过技术改造向降低能耗、减轻污染、创造增值深度的方向发展；对布局分散、规模小、技术设备水平低的广大镇企业和街道工业应积极推动联合和上档次，促进其向集团化、规模化、高级化、集中化方向发展；乡(镇)工业要依托小城镇发展，逐步实现工业小区污染集中控制；库区城市还应结合旧城改造，对旧城区内的污染扰民企业及资源能源浪费大、污染严重又难以治理的乡(镇)企业实行关、停、并、转、迁；大力发展高新技术产业和第三产业，提高第三产业比重；区域产业的扩散传导要严格防止污染转嫁，避免增加新污染源；

特别重视并积极保护城市饮用水源，严禁在城市居民饮用水源上方及城市上风向增设对环境可能产生较大污染的工业建设项目。

(6)经济建设、城乡建设、移民开发与环境保护协调发展。

库区面临严峻的生态环境形势，要求在制定国家经济和社会发展规划时，充分考虑环境建设规划和实施计划，对经济发展规划必须首先进行充分的环境影响认证。把生态环境保护的目标纳入经济发展中长期规划和计划，努力改变目前环境建设滞后于经济建设的被动局面。

在制定城镇总体规划时，必须有与规划相适应的污水、粪便、垃圾设施，绿化指标不低于国家规定标准，使生态环境保护规划切实成为城镇总体规划的重要组成部分；在总体规划和详细规划中，要明确规定污染集中控制治理设施及管网的区域。在进行新区开发、旧城改造时，必须配套建设污染集中控制和治理设施，尤其是要加强集中控制污水、垃圾处理场的建设，运用科技、行政和法律手段减少机动车辆的废气排放量，严格控制排放标准，征收车船污染排放税，避免加剧对大气与水体的污染。要突出城市环境综合整治，抓好重点工业污染源的治理。重庆城区要完成沿江污水大截流、沿江干道环境综合整治和城市绿色屏障工程；继续推进世界银行对三峡库区发展与环境保护贷款项目的实施，高质量完成库尾供水系统与排污口整治，保证污水达到国家排放标准；着眼于优化能源结构并降低能耗及加强煤炭脱硫和烟脱硫等技术措施，实施综合整治，不断降低酸雨污染。确保三峡库区生态环境建设、经济建设及城乡建设同步规划、同步实施、同步发展，努力实现经济、社会、环境效益的统一。

7.2.5.3　从法律角度提出对策

对三峡库区的生态环境保护，不仅要从工程技术角度来进行治理，也需要从生态环境法律方面进行保护，构建生态环境保护专项法律制度，进行生态治法。生态法治所追求的目标，必须通过每一个具体的生态法律制度得以实现。生态法律保护制度是指由调整特定生态社会关系的一系列生态法律规范所组成的相对完整的规范体系。生态法律保护制度是国家生态制度在法律上的体现，是生态制度的法化形式，一切享有生态环境和开发利用自然资源的组织都必须严格遵守。

生态法律的基本制度是从不同的生态保护领域逐步发展起来的，大致可以分为两大类：一类是环境保护基本法律制度；另一类是自然资源保护基本法律制度。但是，针对三峡库区生态环境保护的复杂性和特殊性，在三峡库区生态环境法律制度中有一项具体法律制度在该地区生态环境法治建设中尤其重要，那就是“生态补偿法律制度”，该制度是三峡库区生态环境法律制度体系构建的基础和重中之重。

1.生态补偿法律制度

1)生态补偿法律制度的概念

所谓生态补偿，有狭义和广义的理解。生态补偿从狭义的角度理解就是指对由人类的社会经济活动给生态系统和自然资源造成的破坏及对环境造成的污染补偿、恢复、综合治理等一系列活动的总称。广义的生态补偿则还应包括对因环境保护丧失发展机会的区域内的居民进行的资金、技术、实物上的补偿，政策上的优惠，以为增进环境保护意识、提高环境保护水平而进行的科研、教育费用的支出。

2）生态补偿的类型

依据不同的划分标准，可以将生态补偿划分为不同的类型，主要有以下几种：

（1）根据补偿所涉及的地域范围不同，可以分为全国性的生态补偿、区际间的生态补偿和区域性的生态效益补偿。

（2）根据补偿的不同作用（抑损作用和增益作用），相应地可以定义出两种补偿类型，即“抑损性补偿”和“增益性补偿”。

（3）根据补偿的程度不同，可以分为充分补偿和不充分补偿。

（4）根据涉及的生态环境资源不同，可以分为资源生态补偿、森林生态补偿、草地和重要湿地的生态补偿、矿产资源生态补偿等。

（5）根据补偿的方式不同，可以将生态效益补偿分为资金补偿、政策补偿、实物补偿和智力补偿等。

2.完善三峡库区生态环境法律保护的建议

针对三峡库区生态环境法律保护存在的问题，结合目前国内相关的理论研究成果，提出以下几点完善建议：

（1）完善法规体系，结合三峡库区环保实际立法。

在实现环境法治的进程中，合理的、科学的环境法律体系具有首要的、决定性的作用，它不仅为环境保护管理提供法律依据，而且决定环境法治秩序的稳定性和持久性，影响环境法治的全部领域和整个过程。三峡库区生态环境法律保护建设应制定环境立法规划，建立健全环境法体系，立法部门应该针对三峡库区生态环境保护工作的实际情况，以一部专门的基础性立法为纲领，有层次、多方位地制定在污染治理、资源保护、资源开发、资源管理方面的法律、法规。以明确、详细的法律规定，科学地划分各部门的环境保护职权，合理地分配环境保护中的权利与义务，严格规定处置环境污染事故中的执法标准和执法方式，做到不遗漏、不偏激。

良好的立法质量，科学的立法方式，对于加强三峡库区生态环境法律保护建设和环境管理，加强对三峡库区自然资源的合理开发、利用和保护、改善三峡库区环境保护中的法律控制，具有重要的意义。

（2）改善环境行政管理体制，落实政府的环境保护目标责任制。

三峡库区各级党委和政府要切实加强领导，明确库区生态环境管理事务的目标和重点任务，将环境保护作为当前库区经济和社会发展的重要工作之一，列入议事日程。库区各省（直辖市）人民政府应对本辖区内生态环境质量负责，并采取措施确保三峡库区污染防治目标的实现。将环境保护切实纳入库区经济和社会发展计划，并在年度计划中予以落实。各省（直辖市）人民政府应当将三峡库区污染防治治理任务逐级分解到有关市（地）、县，签订目标责任书，限期完成，并将该项工作作为考核库区各级政府政绩的重要内容。库区县级以上地方人民政府，应当定期向本级人民代表大会常务委员会报告本行政区域内三峡库区污染防治工作进展情况。在三峡库区积极推行县（市、区）党政“一把手”环保工作实绩考核制度，以确保各项环保工作任务的完成。

改革现行的管理机构，完善综合管理体制，形成库区管理委员会加库区管理局的管理模式，为增强管理机构的权威性，同时为了方便统筹协调库区管理、区域管理和行业管理的矛盾和冲突，库区管理委员会的委员应包含中央有关部委、库区内各地方政府代表，以及相关专家代表等，库区管理委员会应采取参加公务员管理的办法，通过民主表决的办法来决定库区环境管理的一切重大事项和政策，在库区管理委员会下设管理局或类似机构，作为管理执行机构，具体负责执行库区管理委员会的各项决策。转变管理观念，变单纯的开发利用管理为开发与保护并重管理，使库区环境事务管理与市场经济发展相适应，强化生态环境综合规划工作，充分利用合作议事平台，围绕库区环境事务管理的热点问题和重要议题广泛开展交流和研讨，寻求共识，探讨合作解决库区发展和环境保护相结合的具体途径，切实完善社会公益和利益相关方共同参与机制。

(3)加强环境执法队伍建设，丰富环境执法手段。

依照“依法执法、严格执法、科学执法、文明执法”的总要求，不断加强队伍执法水平和行风建设，努力建设一支精干、高效、廉洁、文明的环境执法队伍，深入开展执法队伍素质教育，组织执法人员轮训，提高执法人员思想政治水平和业务技能。坚持长期开展理想信念、职业操守、权力观、事业心教育和法制培训，严格执行“环保六条禁令”和“环保职业道德规范”。各级环保队伍树立争前当先意识，勇于争创各级先进优秀称号。

采取多种形式丰富环境执法手段，在适当的情况下，以法律明确规定，严格赋予环境执法部门一定的强制执法权，增加环境执法的强制性与权威性。与此同时，组织协调各部门建设环境执法联动机制，各部门积极按照自身的职能和权限，统一行动、分工负责，对环境污染事故进行及时、有效的处理。

(4)深入开展环境宣传教育，提高公众环保意识。

生态环境的好坏关系着整个三峡库区的经济建设、社会发展、人民的安居乐业。三峡库区的每个成员都有责任和义务去保护好、建设好生态环境。要采取丰富多样的宣传形式，大力宣传三峡库区环境保护工作的重要性及意义，把三峡库区的环境保护与生态建设提高到贯彻国家可持续发展战略、实施西部大开发战略和基本国策的高度来认识。

通过深入开展环境普法活动，增强公众保护环境的主动性、积极性，在库区推行绿色文明生活方式，使每一位公民都能养成在日常生产、生活中时时关心环境保护的良好习惯。加大新闻媒体环境宣传和舆论监督力度，建立定期向社会公布三峡库区生态和环境质量状况的公报制度，依法保障公众的环境知情权。利用电视、报纸等新闻媒体突出宣传环境保护先进事迹，对环境保护做出贡献的单位和个人进行表彰，同时还要揭露各种环境违法现象，进行及时、严厉的处置，唤起全社会的生态环境保护的责任感和紧迫感。总之，要使库区人民深刻认识到，我们只有一个地球，地球上只有一个三峡工程，保护三峡地区的生态环境是我们每个人神圣的职责，保护好三峡库区的生态环境，就是发展生产力，发展人类文明。

第 8 章 辽河流域水资源优化配置与水质水量联合调度研究进展

辽河是我国重点治理的“三河”之一。在流域水资源时空分布不均、水资源短缺、水污染、水工程调控程度高等多重因素的作用下,河流水体功能严重受损,部分河流甚至出现断流现象,河流生态环境状况退化严重。辽河流域的上述特征决定了辽河流域实施水质水量优化调配的必要性和重要性。本书针对辽河流域水污染特征,系统诊断流域水资源时空变化及水工程调控对流域水环境变化的影响,提出辽河流域河流生态需水方案和水资源配置方案,重点研究河流水质改善的水质水量联合调度技术与水污染突发事件应急调度技术,并开展工程示范,形成流域水质水量优化调配技术体系,为流域水质改善提供水量保障。

8.1 辽河流域水资源与水环境特征

8.1.1 辽河流域水资源及其开发利用

8.1.1.1 辽河流域水资源量

辽河流域包括辽河柳河口以上、辽河柳河口以下、浑河、太子河及辽河干流,其区域总面积为 65 254 km^2,流域多年平均降水量为 654.8 mm,辽河柳河口以上为 608.6 mm,辽河柳河口以下为 562.3 mm,浑河为 733.2 mm,太子河及大辽河干流为 747.5 mm。流域多年平均地表水资源量为 949 285 万 m^3,折合径流深为 145.5 mm,辽河柳河口以上为 113 mm,辽河柳河口以下为 61.2 mm,浑河为 209.4 mm,太子河及大辽河干流为 220.3 mm。流域全区地下水资源量为 725 602 万 m^3,可开采量为 556 704 万 m^3。流域水资源总量为 1 288 386万 m^3,其 4 个三级区的水资源总量分别为:辽河柳河口以上 424 163 万 m^3,辽河柳河口以下 174 118 万 m^3,浑河 287 868 万 m^3,太子河及大辽河干流 402 237 万 m^3。

8.1.1.2 辽河流域水资源开发利用

1.供、用、耗水量调查统计分析

流域 1991~2007 年平均年供水量 94.940 8 亿 m^3。其中,地表水供水量 46.308 4 亿 m^3,地下水供水量 47.782 3 亿 m^3,其他 0.850 1 亿 m^3。

流域 1991~2007 年平均用水量 94.940 8 亿 m^3。其中,农业用水 62.248 6 亿 m^3,占 65.6%;工业用水 17.244 3 亿 m^3,占 18.2%;农业和工业用水量占总用水量的近 84%。城镇生活用水 10.756 8 亿 m^3,占 11.3%;农村用水 3.181 1 亿 m^3,占 3.4%;其他用水 1.510 1 亿 m^3,占 1.6%。从用水的总体结构看,主要是生产用水,工、农业生产用水量达到总用水量的 84%,而农业是最大的用水产业。选用 1980 年、1985 年、1990 年、1995 年、2000 年、2005 年、2007 年 7 个代表年对 1980 年以来的用水总量、农业用水量、工业用水量、生活用水量及用水组成的变化进行分析，流域各项用水量总体上均呈上升趋势。

流域 1991~2007 年平均耗水量 58.66 亿 m^3，综合耗水率为 62%。其中，农业耗水量 44.01 亿 m^3，耗水率为 71%；工业耗水量 6.56 亿 m^3，耗水率为 38%；城镇生活耗水量 4.09 亿 m^3，耗水率为 38%；农村生活耗水量 2.88 亿 m^3，耗水率为 91%。

2.水资源开发利用程度分析

流域 1991~2007 年平均地表水资源量为 97.77 亿 m^3，地表水供水量为 46.31 亿 m^3，地表水开发利用率为 47%。1991~2000 年平均地下水可开采量为 73.09 亿 m^3，地下水实际开采量为 60.09 亿 m^3，地下水开采率为 82.2%。

流域多年平均水资源总量为 128.84 亿 m^3，用水消耗量为 58.66 亿 m^3，利用消耗率为 45.5%。

8.1.2　辽河流域水环境特征

8.1.2.1　入河排污口调查与评价

辽河流域入河排污口共 96 个，按照流域分区统计，辽河河口以上 21 个，辽河河口以下 11 个，浑河 25 个，太子河及大辽河干流 39 个；按照行政区统计，沈阳市 10 个，鞍山市 5 个，抚顺市 21 个，本溪市 16 个，锦州市 5 个，阜新市 1 个，营口市 6 个，辽阳市 11 个，铁岭市 15 个，盘锦市 6 个。

辽河流域入河污水量 14.65 亿 t，按照流域分区统计，辽河河口以上 0.63 亿 t，辽河河口以下 0.91 亿 t，浑河 6.69 亿 t，太子河及大辽河干流 6.42 亿 t。

辽河流域主要污染物入河量 41.41 万 t，按照流域分区统计，辽河河口以上 5.85 万 t，辽河河口以下 3.56 万 t，浑河 16.1 万 t，太子河及大辽河干流 15.9 万 t。

8.1.2.2　地表水现状水质

根据辽宁省的河流特点及污染情况，采用中华人民共和国国家标准《地表水环境质量标准》（GB 3838—2002），选择 pH、溶解氧、高锰酸盐指数、化学需氧量、五日生化需氧量、氨氮、挥发酚、氰化物、砷、六价铬、汞、铜、铅、锌、镉、氟化物等 16 项参数。采用单指标评价法（最差的项目赋全权），确定地表水水质类别，评价代表值采用年度均值、汛期和非汛期 3 个值。评价结果按河长统计，并以地面水Ⅲ类标准值作为水体是否超标的界限统计超标项目，并对化学需氧量、氨氮主要参数进行单项评价。根据辽宁省水环境监测中心 2009 年监测资料对辽河流域 12 条河流的 32 个水质监测河段进行水质现状评价。辽河流域水质评价结果见表 8-1。

表 8-1　辽河流域水质评价结果统计　（单位：km）

时段	评价河长	水质分类河长					
		Ⅰ类	Ⅱ类	Ⅲ类	Ⅳ类	Ⅴ类	劣Ⅴ类
全年	1 354.1	144	123.6	192	17	142	735.5
非汛期	1 354.1	144	96.6	130	89	37	817.5
汛期	1 354.1	144	142.6	410	267	76	314.5

重点水功能区水质评价依据《地表水环境质量标准》(GB 3838—2002),采用单指标评价法,评价参数的选择同河流水质评价,结果以功能区水质目标作为水体是否达标的界限进行分析。2009 年在辽河流域监测的 58 个重点水功能区中,从综合评价结果看,水质达到Ⅰ类标准的水功能区占 3.4%,Ⅱ类占 22.4%,Ⅲ类占 12.1%,Ⅳ类占 5.2%,Ⅴ类占 5.2%,劣Ⅴ类占 51.7%,其中劣于Ⅲ类水质标准的水功能区占 62.1%。除 5 个排污控制区不进行达标状况评价外,在 53 个水功能区中,5 个水功能区水质达标,占 9.4%,48 个水功能区水质不达标,占 90.6%;在 29 个饮用水源区中,有 5 个水质达标,达标率为 17.4%。

8.2 辽河流域水质水量优化调配技术研究

随着社会经济的快速发展,水资源短缺问题日益显著,人类对水资源的开发利用已呈现出不同程度的掠夺性发展趋势。辽河流域属资源型缺水地区,水资源开发利用程度高,经济用水严重挤占生态环境用水,造成生态用水紧张和局部生态系统的失衡。因此,合理量化并且维持河流的最小生态径流量成为保障河流生态系统基本功能的关键。最小生态径流量的确定是以生态环境需水量研究为理论基础的,河流生态环境需水量应结合流域水资源系统综合考虑,其最小值是维持河道不断流,有一定限度的自净能力,并能基本保持河道应有的生态功能。生态环境需水量是在一定范围内的水量连续变化过程,应充分体现河流年内水文过程的丰枯变化特征。

入河污染物的超标准排放是河流水环境质量恶化的另一重要因素。在进行产业结构调整以及污染源控制的基础上,针对污染物的排放规律和特点,非工程措施的合理运用成为改善河流水环境质量的有效途径。在保证防洪安全的前提下,利用水库(群)较好的调蓄能力,适当调节河道年内的径流分配方式,通过蓄丰补枯使河流水量丰枯相济,达到改善河流枯水期水环境质量的目的。

本节以太子河葠窝水库流域为研究背景,主要研究观音阁水库和葠窝水库在现状用水条件下的联合调度方案,并以此作为管理者近期对水库实施调度的决策依据。根据观音阁和葠窝水库近期的用水资料,在保证河流最小生态环境需水量的基础上,探讨通过改变水库现行调度方式对观音阁—葠窝区间河段枯水期水环境质量的改善程度。

8.2.1 辽河流域水质水量优化调配模型研究

8.2.1.1 水库群联合调度基本思想

目前,生态环境用水的重要性已经逐渐引起人们重视,并强调将生态环境用水重要性提高到应有的位置,但在水库调度中对于各项用水目标的优先级仍没有明确的标准。有研究者认为生活用水处于用水顺序的第一位,生态环境用水处于用水顺序的第二位,生产用水处于用水顺序的第三位。然而,生态环境用水在水库调度中的重要性应根据流域水环境现状以及地区经济发展状况具体确定,结合流域实际情况来协调社会经济发展与生态环境保护之间的关系。观音阁水库原设计中工业与城镇生活用水同等重要,保证率不低于 95%,破坏深度不超过 10%,与葠窝水库联合供水农业保证率不低于 76%,破坏深度不超过 30%,而对生态环境用水没有明确规定。因此,在保证防洪安全的前提下,本书初步考虑生态环境用水重要性低于生活和工业用水，与农业用水同等重要或略高于农业用水，破坏深度不超过20%，以避免经济用水大量挤占生态环境用水。在兴利用水与生态环境用水重复利用的基础上，优先考虑除冰冻期外枯水期的水环境质量改善。

观音阁水库建成后，葠窝水库的农业用水量有了较大增加，每年5月、6月灌溉用水高峰时期，需要观音阁水库进行补充，共同承担下游灌区的农业用水任务。观音阁水库为补偿水库，兴利库容13.85亿 m^3，具有很好的调节能力。葠窝水库为被补偿水库，兴利库容5.08亿 m^3，每年灌溉期初可蓄水至正常高水位。从水库实际运行资料分析可知，观音阁水库的蓄水量大小很大程度上决定了葠窝水库的农业供水量大小。因此，在制定两库联合运行调度规则时，可主要对观音阁水库的调度方式进行研究，葠窝水库按照农业和生态环境用水过程简化运行。

8.2.1.2 太子河观音阁和葠窝水库群水质水量优化调配模型

模型目标函数为运行期内的累计缺水量最小，即观音阁水库和葠窝水库联合运行时，使工业、农业和生态环境用水的总缺水量 d 最小：

$$\min d = \sum_{i=1}^{3} \sum_{t=1}^{T} d_{i,t} \tag{8-1}$$

对于每座水库，约束条件主要为水量平衡约束、蓄水量约束和允许破坏深度约束。

$$V_{t+1} = V_t + I_t - R_t - L_t \tag{8-2}$$

$$V_{\min} \leqslant V_t \leqslant V_{\max} \tag{8-3}$$

$$d_{i,t} \leqslant \bar{d}_{i,t} \tag{8-4}$$

式中：$d_{i,t}$ 为第 i 类用水的时段缺水量；V_t 、V_{t+1} 分别为第 t 时段初、末水库蓄水量；$V_{\min}$ 、$V_{\max}$ 分别为水库运行时允许的最小和最大蓄水量；I_t 为水库 t 时段入库径流量；R_t 为水库 t 时段放水量；L_t 为水库 t 时段的蒸发、渗漏损失；T 为计算时段总数。

观音阁水库和葠窝水库按照调度图和既定的策略模拟运行，若时段末水库蓄水量大于 $V_{\max}$ ，说明水库在满足正常供水外仍需弃水；若时段末水库蓄水量小于 $V_{\min}$ ，说明水库发生深度破坏。运行期结束后，统计水库的累计缺水量 d 和深度破坏次数 M。

8.2.1.3 模型求解方法

1.求解思路

模型求解将系统模拟技术与优化方法有机结合起来，模型中包含水库模拟运行与优化改进2个模块，优化方法常采用遗传算法。利用模拟优化混合模型求解水库调度图的基本思路为：模型首先给出一定数量的可行基本调度线（决策变量），水库按照既定的运行策略（调度图使用方式）进行模拟，得到相应的各项性能指标，形成对输入信息的反馈；然后转入优化模块，通过遗传操作对基本调度线进行寻优、改进，之后重新转入水库模拟模块。如此反复，直至收敛或达到设定的终止条件。

模拟与遗传算法相结合制定水库优化调度图，遗传算法主要有两个功能：一是通过个体的产生，得到不同的初始水库调度线组合；二是根据反馈信息对模拟结果进行寻优。模拟运行模块的主要功能是：根据不同的基本调度线和既定的运行策略，在计算机上模拟水库实际运行时的情况，进而得到与之相应的性能评价信息。模拟与遗传算法混合模型结构图如图8-1所示。

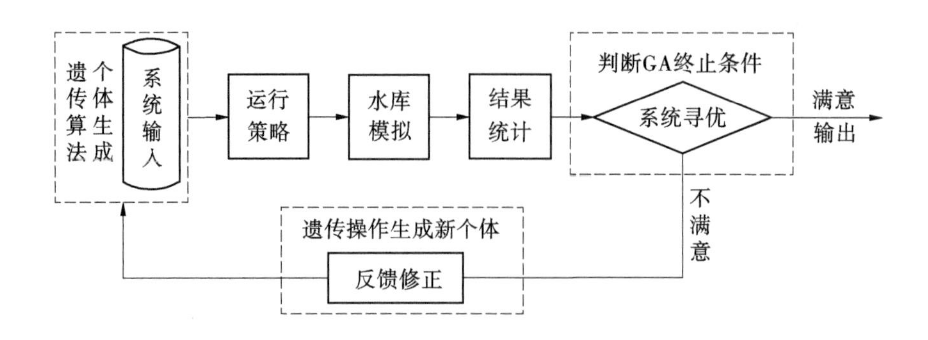

图 8-1　模拟与遗传算法混合模型结构

2.求解方法

模型求解方法采用遗传算法。遗传算法是基于生物进化理论而提出的一种启发式全局概率搜索算法,具有并行处理、鲁棒性强等优点,在水库优化调度领域得到广泛应用。观音阁水库调度图从高到低有 3 条基本调度线（V_1, V_2, V_3）,设每条调度线由 p 个数据点组成(p=16,7 月、8 月以旬为单位,其他以月为单位),采用实数编码,则模型共有 3p 个决策变量。(V_1, V_2, V_3) 中的每个分量 $V_{i,k}$ 都代表一个实际蓄水量值, $i = 1,2,3,\cdots,k, k \in [1,p]$ 。由于基本调度线不能交叉,因此随机产生基本调度线时进行局部排序,使对于任意 k 都有 $V_{3,k} < V_{2,k} < V_{1,k}$ 。模型中对于约束的处理采用罚函数法,当水库出现深度破坏时对其进行很大的惩罚,避免差的个体进入下一代。适应度函数为

$$F = d + \lambda * M \tag{8-5}$$

其中,惩罚系数 λ 是一个很大的正数。

对于遗传算法中的选择操作,采用基于排名的选择策略,具体做法是:假定群体规模为 POP,首先根据个体的适应值确定每个个体在群体中的排序,然后利用确定的排序选择概率 P_s,从父代种群中选择 $P_s *$ POP 个适应度较高的个体,而被淘汰的($1-P_s$) * POP 个个体被适应度高的个体所替代。对选出的个体采用算术交叉,若交叉前个体为 $R^{(1)}$ 和 $R^{(2)}$,则交叉后的个体为

$$R'^{(1)} = \alpha R^{(1)} + (1 - \alpha) R^{(2)} \tag{8-6}$$

$$R'^{(2)} = \alpha R^{(2)} + (1 - \alpha) R^{(1)} \tag{8-7}$$

式中, α 为(0,1)之间的随机数。

由于交叉后的两个个体是原来个体的线性组合,仍然满足 $V'_{3,k} < V'_{2,k} < V'_{1,k}$ 的要求。对所有个体采用均匀变异操作,若决策变量 $V_{i,k}$ 需要变异,受 $V_{\min} < V_{3,k} < V_{2,k} < V_{1,k} < V_{\max}$ 约束,其可行的变异空间存在上下限 $(\underline{b}, \bar{b})$ 。$V_{i,k}$ 可行变异空间 $(\underline{b}, \bar{b})$ 的确定方法为

$$(\underline{b}, \bar{b}) = \begin{cases} (V_{2,k}, V_{\max}) & i = 1 \\ (V_{3,k}, V_{1,k}) & i = 2 \\ (V_{\min}, V_{2,k}) & i = 3 \end{cases} \tag{8-8}$$

对于给定的运行策略,经过试算,模拟优化混合模型中,遗传算法的参数设置为种群

规模 POP = 100，选择概率 $P_s = 0.8$，交叉概率 $P_c = 0.8$，变异概率 $P_m = 0.01$，最大进化代数取 500。

8.2.2　辽河流域水质水量优化调配技术方案研究

8.2.2.1　农业用水量分析

太子河流域的灌区分布在葠窝水库下游，观音阁水库本身没有直接供给农业的水量，而处于支流上的汤河水库从 1998 年以后蓄水量全部用于工业和城镇生活，不再为农业供水。因此，太子河流域的农业灌溉用水主要通过葠窝水库进行下放，太子河流域的农业用水亦称为葠窝水库的农业用水。

1995 年观音阁水库建成后，葠窝水库的农业用水量有了较大增加，自身蓄水已不能满足农业用水需求，需要观音阁水库予以补偿。由于葠窝水库的农业用水与其他省属水库（主要为浑河的大伙房水库）实施联合调度，葠窝水库每年灌溉水量变动范围较大，多年平均农业用水量为 9.4 亿 m^3。因此，不再以流域为界，增加了葠窝水库农业用水量确定的复杂性。在分析太子河流域内水库农业用水的基础上，应进一步结合浑河流域大伙房水库的运行资料进行整体分析。

1.葠窝水库年农业供水总量相关分析

葠窝水库年农业供水总量分析采用 1996~2009 年葠窝水库和大伙房水库的农业用水过程。对观音阁、葠窝和大伙房三座水库进行整体分析，浑太河流域的农业用水量与水库灌溉期初的蓄水量呈正相关趋势，并且相关关系比较显著；与水库年径流量呈负相关趋势，符合以灌溉为主的综合利用水库的一般规律，如图 8-2 所示。

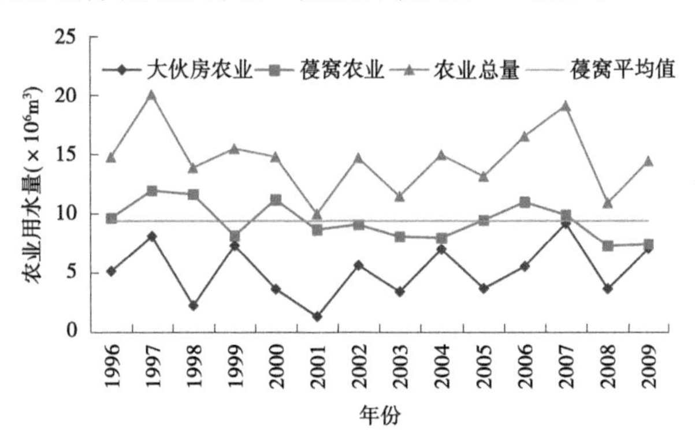

图 8-2　大伙房、葠窝水库逐年农业用水量相关分析

从图 8-2 中可以看出，大伙房水库的农业用水量变化幅度较大，与浑太河流域的农业用水总量趋势一致，而葠窝水库的农业用水量则比较稳定，在多年平均值附近变化。通过对资料的进一步分析发现，葠窝水库农业用水量在平均值附近的波动（水库加大或减少供水量）主要受观音阁水库和大伙房水库灌溉期初蓄水量的影响。当观音阁水库蓄水少时，葠窝水库减少农业供水；当大伙房水库蓄水少时，葠窝水库相应加大农业供水。

2.葠窝水库年农业供水总量确定

观音阁水库和大伙房水库具有多年调节能力，兴利库容分别为 13.85 亿 m^3 和 12.96 亿 m^3。葠窝水库具有不完全年调节能力，兴利库容 5.08 亿 m^3。由于葠窝水库在灌溉期初一般可蓄至正常高水位，蓄水量变化很小，因此葠窝水库的农业用水量受观音阁水库和大伙房水库当前蓄水量的影响较大。按照相关文献中划分年径流等级的方法，对观音阁水库和大伙房水库的蓄水量进行三级划分，如表 8-2 所示。

表 8-2　观音阁和大伙房水库蓄水量等级划分　（单位：$\times10^6 m^3$）

级别	分级标准	观音阁	大伙房
偏多	$V>\overline{V}+0.7S$	$V>1\ 100$	$V>1\ 150$
正常	$\overline{V}-0.7S\leqslant V\leqslant\overline{V}+0.7S$	$600\leqslant V\leqslant 1\ 100$	$700\leqslant V\leqslant 1\ 150$
偏少	$V<\overline{V}-0.7S$	$V<600$	$V<700$

表 8-2 中，V 表示水库灌溉初期的蓄水量；$\overline{V}$ 为水库灌溉初期多年平均蓄水量，观音阁水库和大伙房水库的平均蓄水量分别为 8.7 亿 m^3 和 9.5 亿 m^3；S 为水库蓄水量系列无偏估计的均方差。在保证葠窝水库多年平均农业用水量不变的前提下，根据观音阁水库和大伙房水库灌溉初期的实际蓄水状况，从而确定葠窝水库的农业供水量大小，具体过程如表 8-3 所示。

表 8-3　葠窝水库农业供水量确定方式

观音阁库容	大伙房库容		
	>1 150	[700,1 150]	<700
>1 100	+1.5	$\overline{X}$	+1.5
[600,1 100]	−1.2	$\overline{X}$	+1.5
<600	−1.2	−1.2	−1.2

表 8-3 中，$\overline{X}$ 为葠窝水库多年平均农业用水量 9.4 亿 m^3；+1.5 表示葠窝水库比平均值加大供水 1.5 亿 m^3；−1.2 表示葠窝水库比平均值减少供水 1.2 亿 m^3。从表 8-3 可以看到，当观音阁水库蓄水偏多而大伙房水库为正常水平时，葠窝水库并没有增加农业水量，即充分利用大伙房水库为下游提供农业用水，与实际情况一致。当观音阁水库和大伙房水库的蓄水量都偏多时，葠窝水库加大供水量，表明具有为下游或其他地区加大供水的能力。

3.灌溉期农业用水过程确定

葠窝水库灌溉期各时段的农业用水量，按照近期农业用水比例的平均值确定，如表 8-4 所示。可见，5 月、6 月泡田和分蘖时期为农业用水的高峰期，需要水库为下游提供充足的灌溉水量。

表 8-4　年内各时段农业用水比例　（单位：%）

4 月下旬	5 月	6 月	7 月上旬	7 月中旬	7 月下旬	8 月上旬	8 月中旬	8 月下旬	9 月上旬
4.8	41.0	27.3	4.6	2.6	9.0	3.7	2.9	1.4	2.7

8.2.2.2　工业与维持河道生态基流用水量确定

1. 工业及城市生活用水

观音阁水库通过河道为本溪市工业和城市生活进行供水，实际运行中并没有将工业、城市生活用水及环境用水的放流量区分开，原始记录只是出库流量的合计值。根据观音阁水库的供水水费实际征收情况，观音阁水库每年向下游提供工业和城市生活用水约 0.8 亿 m^3。由于河道输水过程中的蒸发、渗漏损失，水库实际供水量为 1.6 亿 m^3。葠窝水库主要为下游辽阳市和鞍山市提供工业用水，根据工业结构和发展规模的变化，不同的年份工业用水量略有变动。实际运行资料显示，葠窝水库近年工业用水总量约 0.67 亿 m^3。

2. 维持河道生态基流水量

河道最小生态环境需水量应包括防止河流断流和河道萎缩、保持河流具有一定的自净和输沙能力、维持水生生物的生存繁衍以及防止咸潮入侵等多方面内容，很难精确计算河流的生态环境需水量。但是从实用角度看，尤其是针对我国水环境污染较为严重的现状，河流生态环境需水量主要是作为一个用于河流管理的工具。旨在使河流管理者有一个宏观的定量控制，避免社会经济用水量过大，严重挤占生态环境用水，给河流健康带来损害。因此，只要能满足生活和生产需要，河流生态环境需水量的确定并不需要过于复杂的计算方法。另外，对于一些污染严重的河流而言，水质状况可能是影响河流生态环境健康的主要限制因素，使基于流量与生物关系模拟的研究结果很难在实践中运用实施。

基于以上分析，河流生态环境需水量的确定应结合流域水资源现状综合考虑。太子河流域水环境污染比较严重，经济用水与生态用水矛盾突出。本书将现阶段太子河流域河道内生态环境需水定义为维持河流基本形态和基本生态功能分区、分期的最小生态需水量。太子河 7 月、8 月的径流量约占全年径流总量的 56%，河道内水量丰沛，生态环境需水量可以取较小值。通过水库的调蓄作用蓄积多余水量，并在枯水期进行利用，有利于提高水资源的利用效率。其他月份河道内水量偏少且水质一般较差，为保证河道不断流，并考虑改善河道水环境质量的需要，生态环境需水量应取相对较大值。

逐月均频率法将各月 50%保证率对应的平均径流量作为河道适宜的生态环境需水量。本书在逐月均频率法计算的基础上，根据国际河流流量推荐值的范围（天然径流量的 10%~60%），7 月、8 月取 50%保证率月平均径流量的 30%、其他月份取 50%保证率月平均径流量的 60%作为维持河流基本形态和基本生态功能所需的最小生态径流量。根据观音阁水库和葠窝水库断面还原后的平均月径流量资料进行计算，观音阁水库和葠窝水库下游河道最小生态环境需水量如表 8-5 所示。

表 8-5　观音阁水库和葠窝水库下游河道最小生态径流量　（单位：$\times10^6 m^3$）

断面	1月	2月	3月	4月	5月	6月	7月	8月	9月	10月	11月	12月	年水量
小市	8	8	11	29	36	37	45	54	33	22	18	11	312
葠窝	16	16	28	48	72	73	84	102	63	38	29	24	593

表 8-5 中的河道最小生态径流量是指观音阁水库和葠窝水库运行中为保持河流连续

性，需要为下游河道提供的最小生态环境用水量，即坝下保证流量。从表 8-5 中的数据可以看出，计算的生态环境需水量体现了河川径流的年内丰枯变化特征。当不考虑水质影响时，根据 Tennant 法确定的标准进行验证，鱼类产卵育幼期(4~9 月)河流生态环境水量处于中等范围，一般用水期(10 月至次年 3 月)河流生态环境需水量处于很好范围。计算结果比该地区已有研究中利用水文学法和栖息地法计算的最小生态径流量偏大，可以满足文献中对本溪断面和辽阳断面的生态用水要求。因此，可以认为所确定的最小生态环境需水量可以维持河道的基本形态和基本生态功能。

8.2.2.3　观音阁—葠窝区间稀释可利用水量

观音阁—葠窝区间本溪断面以上河段的污染源少，水质较好。因此，当观音阁水库至本溪区间流域来水量丰沛时，可以为下游河道提供污染物稀释用水。观音阁水库至本溪水文站之间(观音阁—本溪区间)的流域面积为 1 529 km^2，占观音阁—葠窝水库区间流域面积 3 380 km^2 的 45%。受观音阁—本溪区间流域面源污染的影响，观音阁—本溪区间来水不能全部用于污染物稀释。枯水期河流来水偏少，水环境质量较差。当流域发生第一场较大降雨时，面源污染比较严重，故不考虑该时期对区间水量的利用，认为区间水量满足自身的稀释要求。对于丰水期 7~9 月区间流域水质较好，可用于下游河流的污染物稀释。由于稀释可利用水量难以具体量化，因此分别采用不同的区间利用率进行计算。

关门山和三道河两座中型水库的流域控制面积分别为 169 km^2 和 77 km^2，流域总面积占观音阁—葠窝区间面积的 7%，所占比重很小。另外，两座水库原有的供水任务已经被观音阁水库替代，它们损失的经济效益由观音阁水库给予补偿，即关门山水库和三道河水库由观音阁水库实施统一调度，因此不对这两座中型水库进行单独考虑。

8.2.2.4　废污水及特征污染物排放量

根据研究区内的污水排放情况和水质监测资料可知，从废污水排放总量看，2005 年以后入河污水排放量有所降低，体现了太子河流域近期水污染治理取得的成效。从水质监测成果看，水质评价常用指标中 COD 和 NH_3—N 超标比较严重。但由于 NH_3—N 在各年的排放量悬殊，存在较大的不确定性，因此宜选择 COD 作为主要特征污染物进行计算。综合以上两个方面，选取 2008 年污水排放量和 COD 排放量作为研究中污染物的基准值，可以较好地代表研究河段近期的污染状况，并且 2008 年污水排放监测时间在枯水期 11 月，污水排放数据可靠性较高。

2008 年观音阁—葠窝区间河段全年入河污水排放总量为 182×10^6 t，特征污染物 COD 排放量为 1.06×10^6 t。按照较为不利情况考虑，假定污染源集中在本溪处，由于入河污染物为连续排放，则废污水中 COD 浓度约 59 mg/L。观音阁水库上游污染源少，水库水质较好，全年维持在Ⅱ类水质以上，COD 浓度在检出限(10 mg/L)以下，按照 10 mg/L 进行计算。

8.2.2.5　近期水库群水质水量优化调配技术方案

2006 年以前水库年径流量及农业用水量变化幅度较大，因此主要采用 2007~2009 年观音阁水库和葠窝水库的实际来水、用水资料进行计算，如表 8-6 所示。

表 8-6　水库来水及用水量统计　（单位：$\times 10^6 m^3$）

年份	观音阁水库入库	观音阁水库 5 月初蓄水	葠窝水库农业用水
2007	904	1 264	992
2008	737	1 198	727
2009	550	1 143	740
2007~2009 平均	730	1 200	820
1996~2009 平均	804	870	940

从表 8-6 中可以看出，2007~2009 年观音阁水库的入库水量较建库后平均入库水量偏小。观音阁水库兴利库容 1 $385\times10^6 m^3$，正常蓄水位相应的库容为 1 $420\times10^6 m^3$。可见，观音阁水库在灌溉期初（5 月初）的蓄水量较多。葠窝水库的农业用水量相对于多年平均值有所减少。2007~2009 年资料代表了观音阁水库和葠窝水库的当前用水状况，利用以上资料确定的水库联合调度方案，可以用于指导水库的近期运行。

1. 多方案模拟

在对观音阁水库和葠窝水库进行联合调度模拟时，要考虑以下几方面内容：

1）兴利用水与生态环境用水重复利用

在满足兴利用水要求的前提下，应最大程度地将兴利用水和生态环境用水重复利用。对于观音阁—葠窝区间河段，工业取水和废污水排放主要集中在本溪河段，因此观音阁水库的工业用水与下游河道的生态环境用水不能重复利用，而补充葠窝水库的农业用水及用于河道污水稀释的水量与生态环境用水可以重复利用。葠窝水库采用相同的方式，在灌溉期（每年 4 月下旬至 9 月上旬），当农业灌溉水量大于水库应补充河道的生态环境水量时，水库可不再单独补给生态环境用水；当农业灌溉水量小于水库应补充河道的生态环境水量时，水库需要额外补给不足的生态环境用水。

2）确定河流重点稀释时期

在对观音阁水库和葠窝水库联合模拟运行时，首先将水环境改善的重点放在除冰冻期（12 月至次年 2 月）以外的枯水期。3 月、4 月太子河冰冻期基本结束，河流逐渐开化，水体污染严重，应优先进行稀释。其次考虑对其他枯水时段的稀释。观音阁水库在冰冻期按照现行的 10 m^3/s 放水，其他时期按照工业和生态环境用水量进行放水，并补充区间稀释用水量和葠窝水库的农业用水。葠窝水库按照工业、农业和生态环境需水量放水，由于农业用水与生态环境用水可以重复利用，因此在农业灌溉期间，当同时存在农业用水和生态环境用水时，取二者的最大值与工业水量之和作为葠窝水库的放水量。

3）水库调度时段的划分

观音阁水库的主汛期为 7 月 11 日至 8 月 10 日，葠窝水库的主汛期为 7 月 11 日至 8 月 15 日。当前实际运行中，葠窝水库对汛期限制水位实施动态控制。在模拟运行时，7 月、8 月以旬为计算时段，以尽量反映出水库在汛期时的洪水调度过程，避免将洪水过程坦化。汛期控制水库最高水位不超过汛期限制水位，保证防洪安全。其他时间以月为计算时段，水库最高水位为正常蓄水位。

按照以上分析和处理方式,根据2007~2009年观音阁水库和葠窝水库的来水及用水情况,从水库实际水位开始起调。在保证观音阁水库2009年末库容与实际一致(尽量与实际值贴近)的前提下,通过水库调蓄作用适当减少丰水期的出库水量,加大枯水期放水量,最大程度地改善下游河道枯水期的水环境质量。3月、4月河流开化时水质较差,应优先满足该时期的水环境要求。当水库蓄水量不足时,适当降低对其他枯水期的水质要求,根据模拟过程的反馈信息,不断调整调度方案。针对观音阁—本溪区间流域不同的稀释水量利用率制定了多个方案,如表8-7所示。表中数据为枯水期(指3月、4月、9~11月,将9月并入枯水期进行统计)的总量值;5~8月为灌溉期,水环境目标自然得到满足,无需进行统计分析。

表8-7 不同工况下枯水期供水方式及环境改善量(不考虑观音阁水库发电)

方案	区间水量利用率(%)	平均流量(m^3/s)	出库增加量(m^3/s)	模拟水环境容量(t)	水环境容量增率(%)
1	0	26.3	135	4 242	44.8
2	20	27.6	152	4 445	51.7
3	30	27.7	154	4 485	53.2
4	50	27.8	155	4 513	54.1

以观音阁水库和葠窝水库的联合调度方式对水质改善作为方案比较为目的,因此采用零维水质模型计算特征污染物浓度,只考虑水库放水对污染物的稀释作用,不对污染物降解、河流自净能力等进行分析。水环境容量的计算,从本质上讲就是从水环境标准出发,反过来推求水环境在此标准下所剩的污染区允许容纳余量。水质及水环境容量计算公式为

$$C = (C_0Q + C_pq)/(Q + q) \tag{8-9}$$

式中:C为混合后污染物浓度,mg/L;C_0为河流污染物本底浓度,mg/L;C_p为排放的废污水中污染物浓度,mg/L;Q、q分别为河流初始流量和废污水排放流量,m^3/s。

$$W = 86.4 \times [C_s(Q + q) - C_0Q] \tag{8-10}$$

式中:W为河流水环境容量,kg/d;C_s为水源保护区规定的水质标准,mg/L。

从表8-7中可以看出,对观音阁—本溪区间流域丰水期的稀释水量进行利用后,下游河段的水环境质量改善比较明显。当区间水量利用率大于20%时,对下游水环境容量的改善程度影响不大。一方面是因为观音阁—本溪区间流域面积占观音阁—葠窝水库区间面积比例较小,仅为45%;另一方面当丰水期区间水量较大时,观音阁水库在减少稀释用水的同时仍需要为下游河道提供一定的生态环境用水量,导致不同的区间利用率差别较小。因此,观音阁—本溪区间来水可用于下游河道污染物稀释的水量利用率可取20%,这样对水质改善的评价也留有一定余地。

为了便于比较,图8-3、图8-4给出了区间水量利用率为20%时,2007~2009年观音阁水库和葠窝水库模拟情况下与实际出库水量的变化过程,下游河道断面的水质变化过程如图8-5所示。

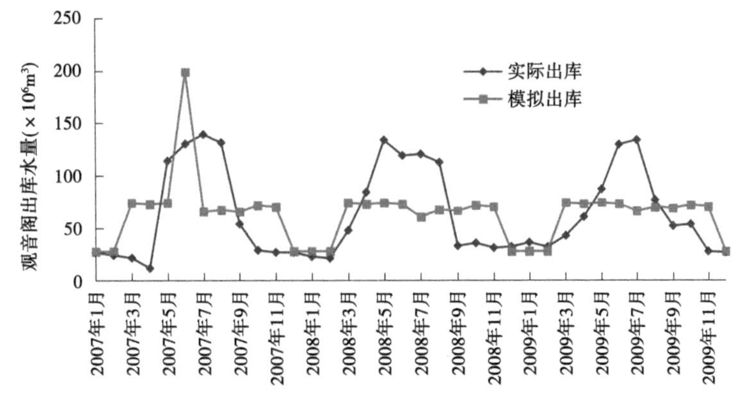

图 8-3　观音阁水库实际与模拟出库过程

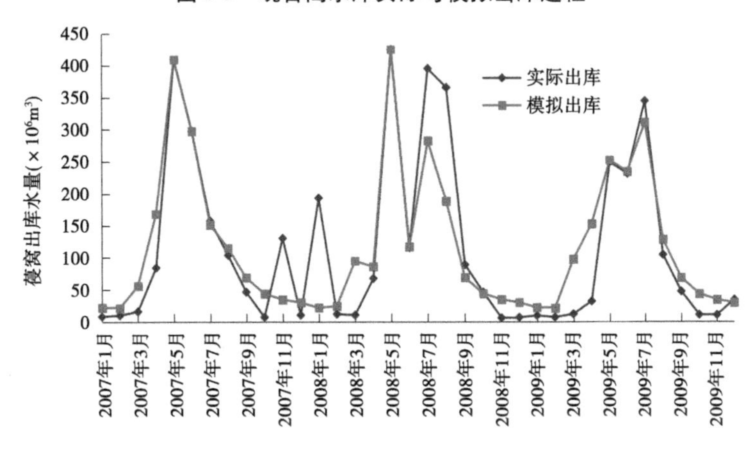

图 8-4　葠窝水库实际与模拟出库过程

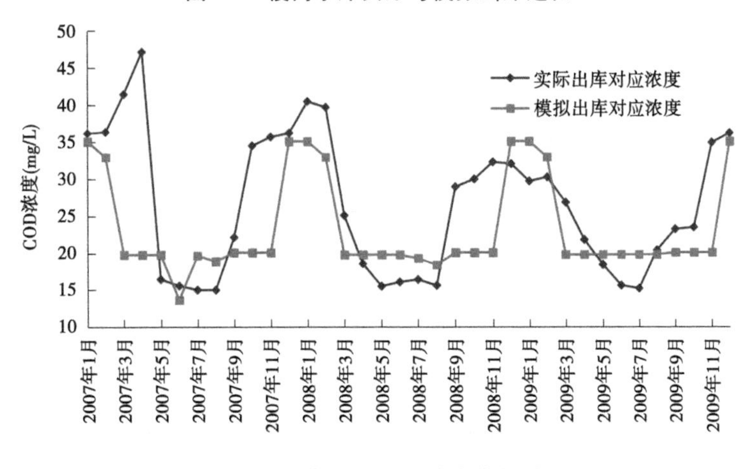

图 8-5　下游断面 COD 浓度变化过程

从图 8-3~图 8-5 可以看出,在保证防洪安全的基础上,结合区间来水情况,通过减少水库丰水期放水量,最大程度地增加枯水期放水量,可以使研究河段枯水期的水质得到显著改善。除冰冻期外,枯水期(指 3 月、4 月、9~11 月)年平均增加水量 1.5 亿 m^3,较同期实际出库水量 2.1 亿 m^3增加了 71%,河流水环境容量相应提高了 51.7%。根据特征污染物 COD 的浓度变化，枯水期水质从Ⅳ~Ⅴ类基本上改善至Ⅲ类，5~8月出库水量的降低并未对水质造成较大的影响，河流仍满足Ⅲ类水质标准。葠窝水库在满足工农业用水的基础上，枯水期的出库水量较实际值有所增加，保证了下游河道的最小生态环境用水需求。

应当指出，以上调度方案虽然使河流枯水期的水质和水环境容量得到较大改善，但如果控制枯水期（除冰冻期外）的水质全部达到Ⅲ类水质标准，无疑会给水库当前的实时调度造成较大压力。因此，可以考虑在非重点改善时期适当放松对下游河道的水质要求。另外，从图8-3中可以看到，由于观音阁水库在5月灌溉高峰期出库水量的减少，因此6月为葠窝水库大量补充农业用水。水库出库水量超过了机组满发所需的水量，必须开启底孔泄流，降低发电效益。若在5月通过加大机组发电流量，提前为葠窝水库补充农业用水，则可使水库水量得到充分利用。

综合以上分析，当观音阁水库在5月通过机组满发为葠窝水库补充农业用水时，不同方案对下游水环境的改善情况如表8-8所示。

表8-8　不同工况下枯水期供水方式及环境改善量（考虑观音阁发电约束）

方案	区间水量利用率(%)	平均流量(m^3/s)	出库增加量(m^3/s)	模拟水环境容量(t)	水环境容量增率(%)
1	0	23.4	97	3 870	32.1
2	20	24.7	113	4 072	39.0
3	30	24.9	117	4 117	41.3
4	50	25.0	119	4 162	42.1

与表8-7类似，表8-8中当区间水量利用率大于20%时，对下游水环境容量的改善程度影响不大。观音阁水库在5月机组满负荷运行后，河道枯水期水环境容量的改善量与表8-7相比有所降低，但改善效果仍比较显著。

观音阁—本溪区间流域稀释水量利用率取20%，当观音阁水库5月机组满发时，2007~2009年观音阁水库和葠窝水库模拟情况与实际出库水量的变化过程如图8-6、图8-7所示，下游河道断面的水质变化过程如图8-8所示。

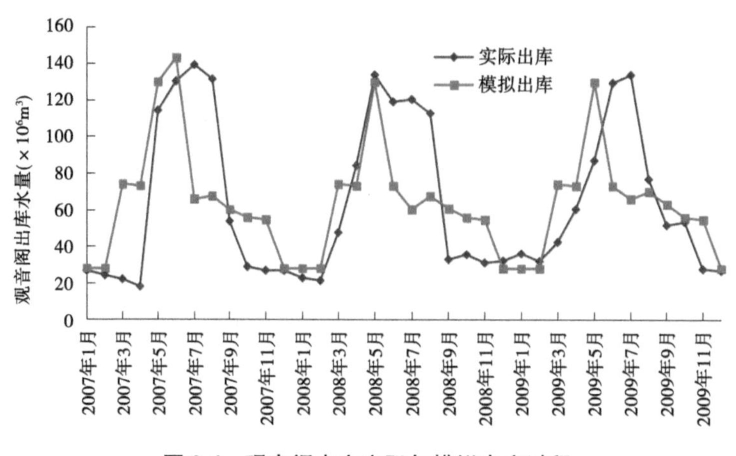

图8-6　观音阁水库实际与模拟出库过程

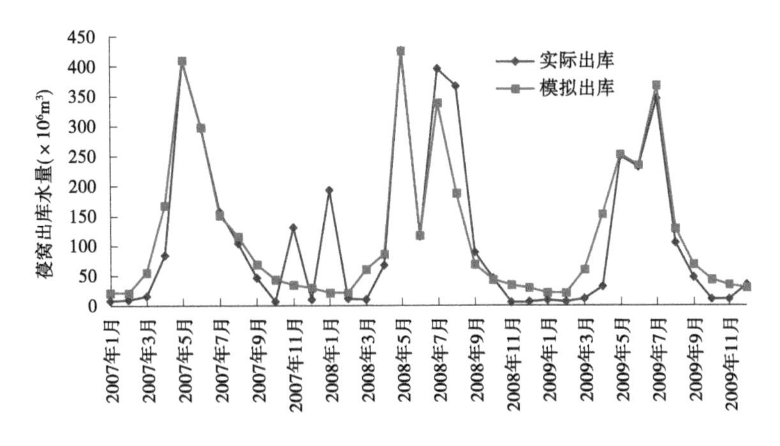

图 8-7　葠窝水库实际与模拟出库过程

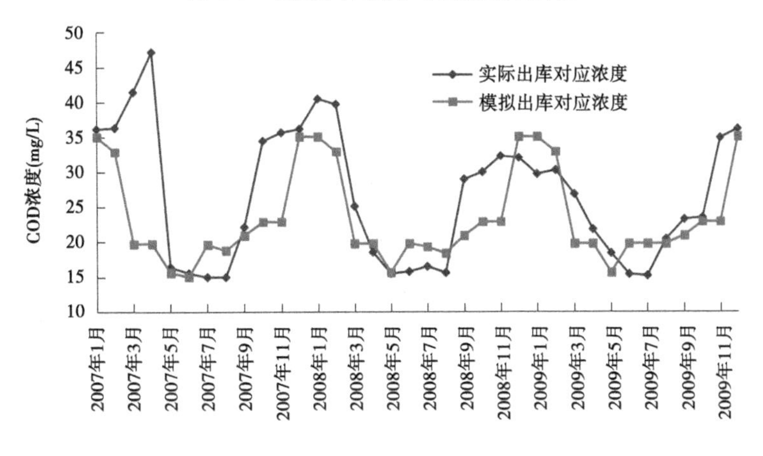

图 8-8　下游断面 COD 浓度变化过程

从图 8-6 中可以看出,5 月通过机组满发加大观音阁水库的出库水量后,避免了开启底孔向葠窝水库大量补水的现象,使出库水量结合机组发电得到高效利用。从图 8-8 可以看出,在保证防洪安全的前提下,利用观音阁水库较好的调节能力,通过适当减少丰水期的出库水量,增加枯水期水量,可以达到改善研究河段枯水期水质的目的。除冰冻期外,枯水期年平均增加水量 1.1 亿 m^3,较同期实际出库水量 2.1 亿 m^3 增加了 52%。特征污染物 COD 的平均浓度从 30 mg/L 降至 21.3 mg/L,降低了 29%,水环境容量相应提高了 39%,改善效果比较显著。

其中,3 月、4 月河流开化时期的水质从最初的Ⅴ类或劣Ⅴ类改善至Ⅲ类,满足葠窝水库的水功能区划要求。9~11 月的水质由Ⅳ~Ⅴ类改善为Ⅳ类,虽未满足水质要求,但平均浓度为 22.3 mg/L,接近于Ⅲ类水质的标准。模拟过程中观音阁水库在冰冻期按 10 m^3/s 放水,略小于 2008 年 12 月至 2009 年 2 月的实际出库水量,COD 浓度偏高,但水质级别没有降低。

观音阁水库 5~8 月出库水量的降低并未对水质造成较大的影响,COD 平均浓度由 16.2 mg/L 变为 18.7 mg/L,仍维持在Ⅲ类水质。此外,葠窝水库在满足工农业用水的基础上,枯水期的出库水量与实际值相比有了较大增加,保证了下游河道的最小生态环境用水需求量。

2007~2009 年观音阁水库和葠窝水库时段末蓄水量变化过程如图 8-9、图 8-10 所示(7 月、8 月以旬为单位)。可以看出,由于枯水期稀释水量的增加,观音阁水库的模拟库容较实际值有所偏小;而在汛期水库适当减少了出库水量,模拟库容较实际值略大。葠窝水库在汛期实施汛限水位动态控制,运行中可以结合实际天气情况适时增加水库蓄水量,因而模拟库容与实际值差别相对较大。但水库运行方式调整后,保障了下游河道的最小生态环境需水量,并且在灌溉期初水库仍可蓄至兴利蓄水位,一定程度上说明了改进调度方案的可行性。

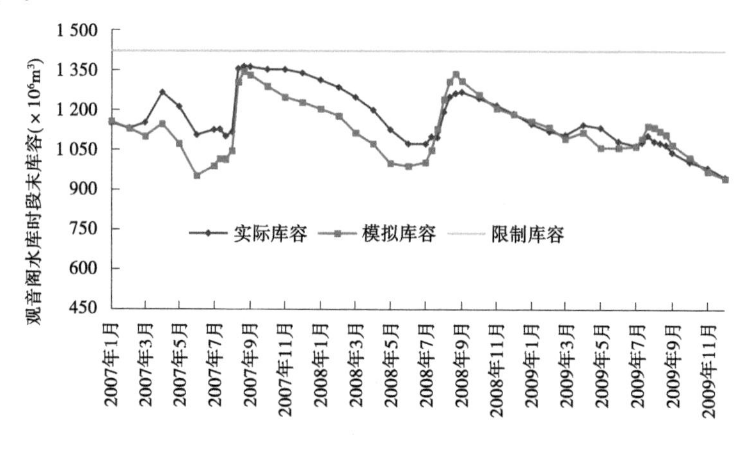

图 8-9 观音阁水库实际与模拟库容比较

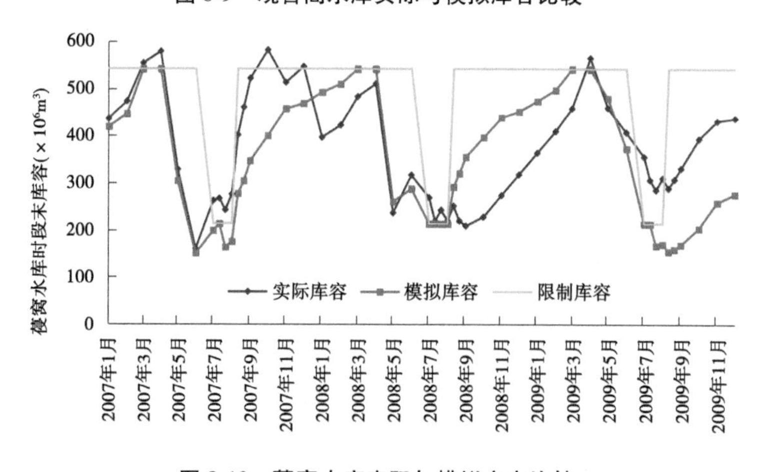

图 8-10 葠窝水库实际与模拟库容比较

2.近期太子河水库群水质水量优化调配技术方案

2007~2009 年联合调度模拟结果表明,利用观音阁水库较大的调节能力蓄丰补枯,通过减少丰水期出库水量,增加河流枯水期的稀释用水量,可以在不降低丰水期水质级别的前提下,使下游河道枯水期的水环境容量得到较大改善。根据模拟结果并结合水库实际情况,当前宜划分不同时期,按不同的水质标准分别予以控制,逐步达到改善河流水质的目的。近期考虑河道生态环境改善的观音阁—葠窝水库联合调度方案如下。

1)观音阁水库

观音阁水库在冰冻期(12 月至次年 2 月)按照 10 m^3/s 放水,可以满足工业、生态环境用水需求,并对污染物进行一定的稀释。其他时期,观音阁水库根据下游河段点源污染物的排放量确定水库放水量。

3~8 月(除 5 月外),在满足工业和生态环境用水的基础上,水库增加放水量(7 月、8 月结合区间来水情况)使稀释水量达到污染物排放量的 4 倍,控制下游河道内的水质满足Ⅲ类水质标准。

9~11 月,在满足工业和生态环境用水的基础上,水库增加放水量(9 月结合区间来水情况)使稀释水量达到污染物排放量的 3 倍,控制下游河道内的水质略低于Ⅲ类水质标准,满足Ⅳ类水质要求。

5 月,观音阁水库通过机组满发提前为葠窝水库补充农业用水。其他灌溉用水期,补充葠窝水库的不足水量。

2)葠窝水库

葠窝水库的出库水量在满足工业用水的基础上,按照农业和生态环境用水(农业用水与生态环境用水可以重复利用)的较大值进行放水。农业灌溉时期,不足水量由观音阁水库进行补充。

3)关门山水库和三道河水库

关门山水库和三道河水库服从观音阁水库的调度,作为灌溉用水高峰期(5 月、6 月)农业用水和生态环境用水的应急补给,避免灌溉期观音阁水库通过底孔放水,损失发电效益。其他时期,按照水库自身的兴利要求进行调度。

8.3　太子河流域水质水量优化调配技术示范

8.3.1　太子河流域水资源与水环境特征

太子河流域范围是一个完全属于辽宁省管辖的完整流域。太子河上游分南北两支,北支发源于抚顺市新宾县红石砬子,南支发源于桓仁县白石砬子。两支在本溪下崴子汇合后称太子河干流,河长 413 km,流域面积 1.39 万 km^2。主要支流有小汤河、细河、兰河、汤河、北沙河、南沙河、海城河等 23 条,区内包括抚顺、本溪、辽阳、沈阳、鞍山五市十三个县(市)区,区内工农业都比较发达,是辽宁省重要的工农业生产基地。

太子河多年平均水资源量 34.9 亿 m^3。流域水资源开发利用程度较高,地表水开发率已接近 60%,地下水开采率达到 85%左右,局部地区地下水超采严重,已形成较大范围的地下水位降落漏斗区,如辽阳首山漏斗区,漏斗区面积达 300 km^2,地下水埋深已超过 20 m。

太子河干支流目前共修建了葠窝、汤河、观音阁 3 座大型水库,关门山、三道河、上英、山嘴、王家坎 5 座中型水库以及小型水库 53 座,总库容 40.33 亿 m^3,其中大型水库总库容为 36.65 亿 m^3,占总库容的 91%。修有塘坝 304 座,引水工程 189 处,提水工程 207 处。三座大型水库中,葠窝水库及观音阁水库分别于 1973 年、1994 年建成蓄水运行,汤河水库于 1969 年建成投入运行,观音阁水库和葠窝水库位于河道干流上,汤河水库位于支流汤河上。目前,汤河水库从 1998 年以后蓄水量全部用于工业和城镇生活,不再为农业供水。观音阁水库和葠窝水库进行联合调度,为本溪、辽阳等城市提供工业及生活用水,以及太子河流域灌区的农业用水。另外,太子河干流在近年进行的河道综合整治过程中修建了多座闸坝,其类型包括橡胶坝、翻板闸、滚水坝等。其中比较典型的闸坝包括:本溪太子河威宁拦河坝工程、小堡拦河坝改造工程、姚家拦河坝工程、溪湖拦河坝工程、彩屯拦河坝工程、团山子拦河坝工程、上堡拦河坝工程、寨东拦河坝工程、迎水寺拦河坝工程、松树台拦河坝工程、富家拦河坝工程、泥塔拦河坝工程等。这些水利工程对区域水资源控制程度较大。

太子河流域处于半湿润半干旱地区。半湿润半干旱地区水文条件易受经济活动影响,使得降雨—径流关系不稳定,进而影响整个河流生态系统。在流域上游地区,水库的拦蓄使下游水量减少;地下水大规模超采,使地表水、地下水关系发生变化,改变了河道补给条件,河流失去河岸调节功能。特别是在枯水季节,河道水量几乎完全依赖于上游水库下泄,结果使得河流生态系统受控于水库,河道常常出现较大范围断流。2007 年太子河辽阳段全年断流 16 d,汛期甚至出现了连续断流 7 d 的情况。

采用自然保护协会的 IHA7.1 软件,定量分析了太子河干流小市、本溪、辽阳、小林子、唐马寨 5 座水文站的长时间序列水文数据。分析结果表明,葠窝水库、观音阁水库建成运行后,相比葠窝水库未建前,各水文站点随其在流域内所处位置的不同,水文情势的变化特征各有不同,其中位于观音阁水库及葠窝水库之间的小市、本溪断面,呈现出汛期流量显著下降(7~9 月尤其显著),其余各月份流量显著提高,尤其是枯水期流量显著提高,且年内最高流量月份由 8 月提前至 6 月的变化特征。葠窝水库以下的辽阳、小林子、唐马寨断面的水文情势变化趋势基本相似,均呈现出在葠窝水库建成及观音阁水库未建期间,相比葠窝水库未建期间,5~7 月流量提高,而其他月份流量显著下降,年内流量分布由单峰型改变为 5 月、7 月双峰分布;葠窝水库、观音阁水库均建成运行后期间相比葠窝水库建成而观音阁水库未建成期间,6~8 月流量显著下降,而其余月份流量均略有提高,年内流量过程分布由 5 月、7 月双峰型改变为 5 月单峰型;葠窝水库、观音阁水库均建成期间相比葠窝水库未建成期间,则呈现 5 月、6 月流量增加,其余月份流量均降低,且流量过程分布均呈单峰型,但峰值由 8 月提前至 5 月,年内最枯月由 2 月提前至 1 月(除小市由 2 月延后至 6 月)的特征。典型断面的年内水文过程变化情况如图 8-11、图 8-12 所示。

总体而言,各水库上游未受水库运行调度影响的各水文站与直接受水库运行调度影响的各水文站点水文情势的变化趋势存在显著的差异,其中未受水库运行调度影响的各水文站点自葠窝水库、观音阁水库均运行调度以来的年内水文过程的分布与之前时期的分布基本一致,其各月流量均呈下降趋势可能显示了气候变化及除水库运行调度以外人类干扰因素的影响。而受水库运行调度直接影响的各水文站点均表现出年内流量过程的分布形态发生显著变化的特征,呈现流量过程均匀化、年内最高月均流量由 8 月提前至 5 月、年内最低月均流量由 2 月提前至 1 月(除小市由 2 月延后至 6 月外)、枯季流量有所增加的变化特征,相对而言,枯季流量增加幅度依次为小市>本溪>唐马寨>小林子,而辽阳断面枯季流量则呈减少趋势;5 月流量增加的幅度则依次为小林子>唐马寨>辽阳>小市>本溪的顺序。

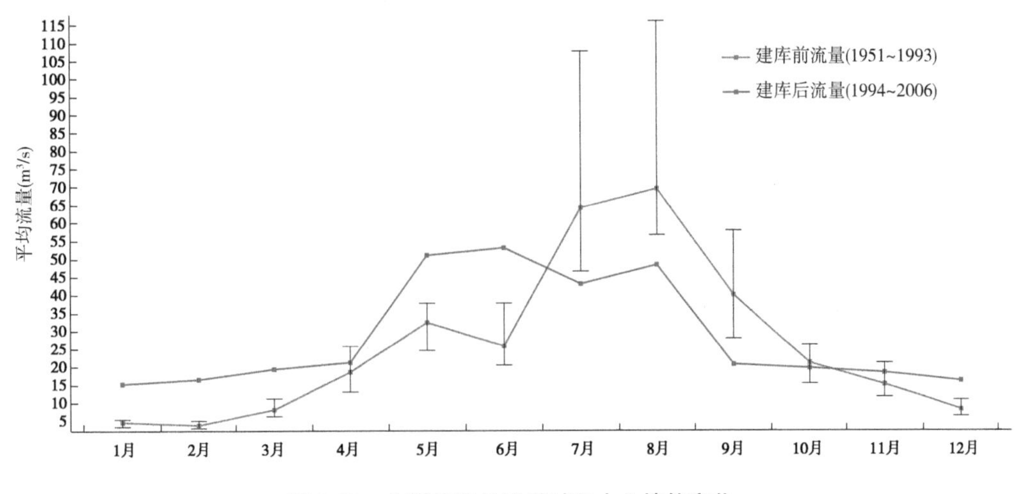

图 8-11　本溪站逐月流量过程水文情势变化

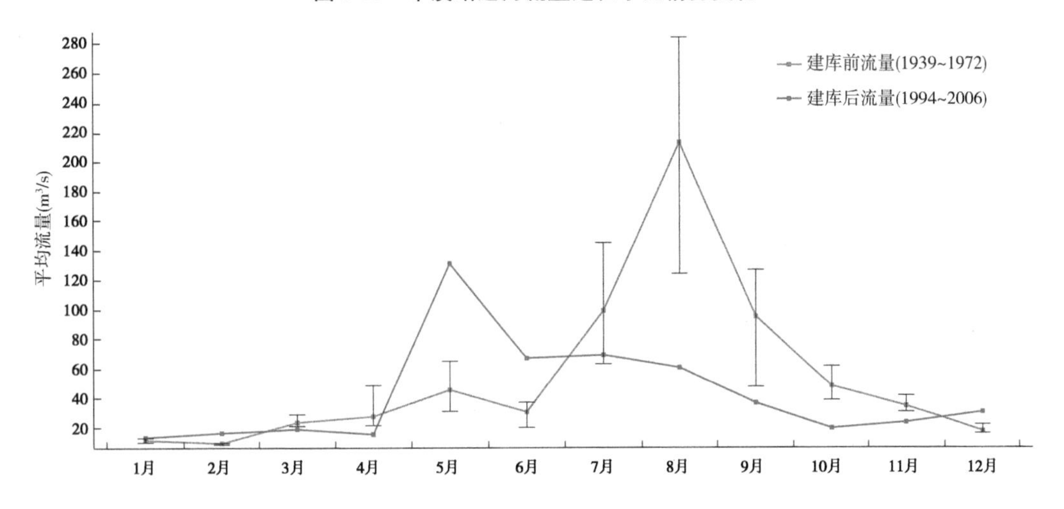

图 8-12　葠窝水库、观音阁水库均建后与葠窝水库未建前唐马寨逐月流量过程对比

太子河流域上游污染源少,水质好,观音阁水库以上水质满足Ⅱ类水质标准。中下游河流沿河排污口多,废水入河量大,河流污染严重,特别是城市河段污染更甚,水质常年在Ⅲ~Ⅴ类。

采用单因子评价法对太子河干流 2007~2009 年水质常规监测结果的评价表明:本溪河段内,部分断面、部分月份超标,上游至下游超标程度逐渐加重,超标污染物主要为 BOD、COD、高锰酸盐等指数;辽阳及下游河段污染物浓度明显高于本溪河段,也呈现出上游至下游污染逐渐加重的状况,超标污染物主要为 NH_3—N,且其超标程度较为突出,年内月份超标率超过 50%,BOD、COD 超标程度次之。对太子河干流各断面 2007~2009 年内 1~12 月各月份出现水质指标超标情况的次数统计结果(见图 8-13、图 8-14)表明:本溪河段各断面超标次数较多的月份分布并不完全一致,其中本溪站断面超标月份主要出现在 8 月、4 月和 2 月;二焦断面超标月份则集中分布在 12 月、11 月和 1 月;辽阳断面超标次数较多的月份则集中在自 11 月至次年 5 月,其中 2 月超标次数略多;辽阳以下河段小林子断面则集中分布在11月至次年4月期间，其中3月超标项目最多；唐马寨断面超标月份则更为集中在1~3月期间；小姐庙断面2~3月超标情况突出。从各月超标次数统计来看，污染超标程度也呈现出上游至下游逐渐加重的态势。

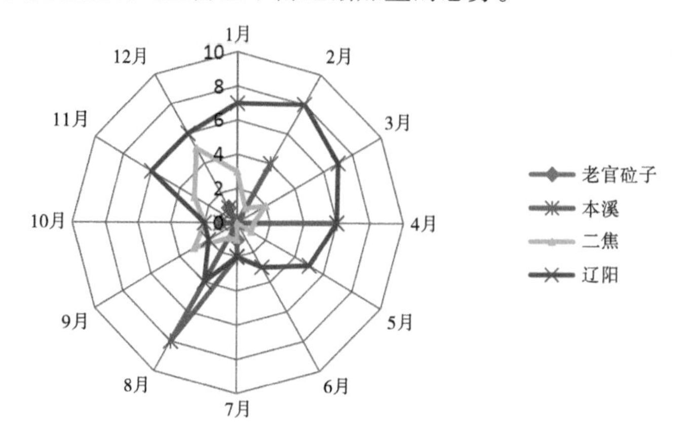

图8-13　2007~2009年各断面各月累计超标指标数(本溪河段及辽阳断面)

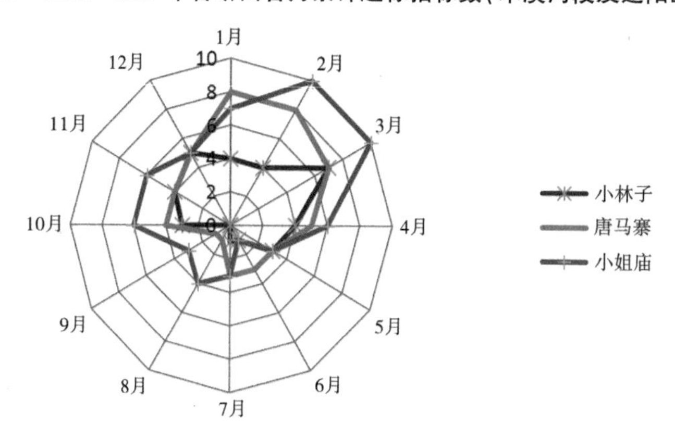

图8-14　2007~2009年各断面各月累计超标指标数(辽阳以下河段断面)

太子河流域内的造纸及纸制品业、黑色金属冶炼及压延加工业、食品加工业、化学原料及化学制品制造业、医药制造业等重污染企业多，门类全。位于流域中游的本溪市是我国污染最为严重的城市之一，大型企业本溪钢铁公司和北台钢铁公司用水量大，污水排放多。太子河流域河流水环境治理具有极大的挑战性。

8.3.2　太子河流域示范河段及依托工程

针对水专项"十一五"期间河流水质改善目标需求，围绕流域水质水量优化调配技术体系的建立，根据关键技术研发和技术体系集成要求，基于流域(或子流域)完整性、与污染源控制协调一致性、兼顾全面突出重点的三项原则选择太子河观音阁水库坝下至葠窝水库入库河段作为课题研究的示范河段。示范河段全长78 km，示范工程包含观音阁、葠窝两座大型水库，关门山、三道河两座中型水库，以及河段区间12座拦河闸坝。示范工程2009年1月开始建设，于2011年2月正式运行，目前运行情况稳定。示范河段及示范工程见图8-15。

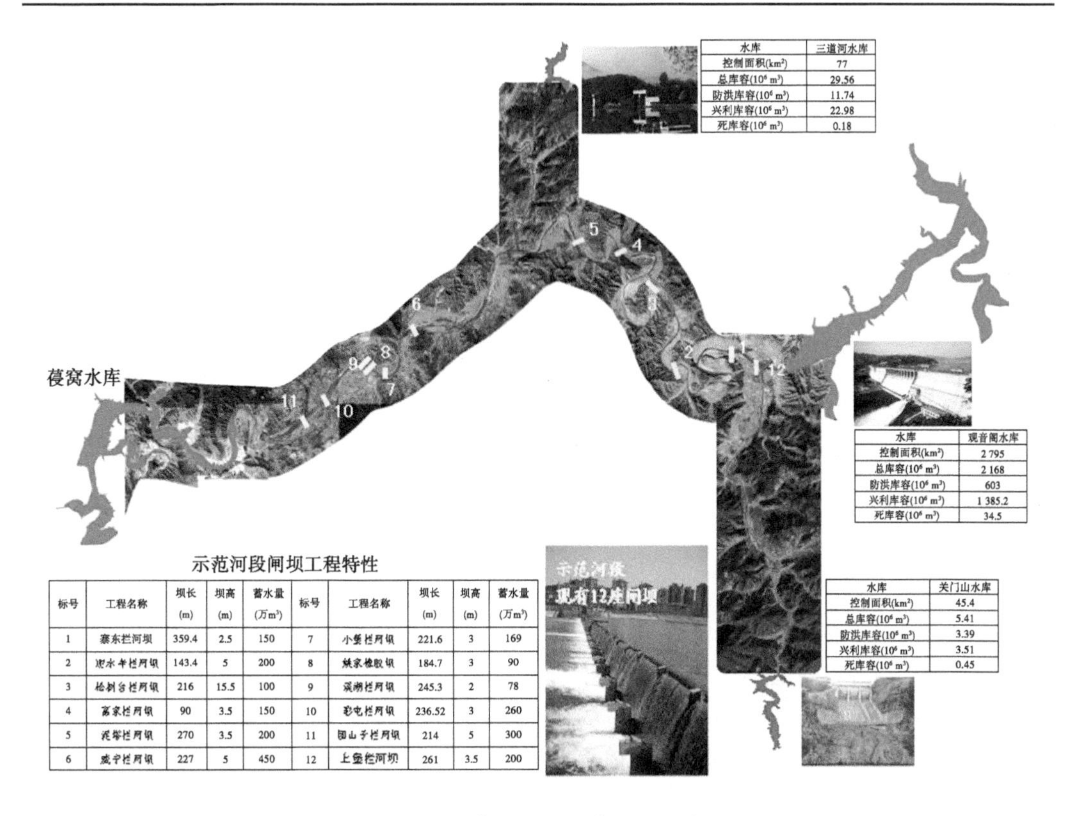

水库	三道河水库
控制面积(km²)	77
总库容(10^6 m³)	29.56
防洪库容(10^6 m³)	11.74
兴利库容(10^6 m³)	22.98
死库容(10^6 m³)	0.18

水库	观音阁水库
控制面积(km²)	2 795
总库容(10^6 m³)	2 168
防洪库容(10^6 m³)	603
兴利库容(10^6 m³)	1 385.2
死库容(10^6 m³)	34.5

水库	关门山水库
控制面积(km²)	45.4
总库容(10^6 m³)	5.41
防洪库容(10^6 m³)	3.39
兴利库容(10^6 m³)	3.51
死库容(10^6 m³)	0.45

示范河段闸坝工程特性

标号	工程名称	坝长(m)	坝高(m)	蓄水量(万m³)	标号	工程名称	坝长(m)	坝高(m)	蓄水量(万m³)
1	赛东拦河坝	359.4	2.5	150	7	小堡拦河坝	221.6	3	169
2	迎水寺拦河坝	143.4	5	200	8	姚家橡胶坝	184.7	3	90
3	松树台拦河坝	216	15.5	100	9	溪湖拦河坝	245.3	2	78
4	高家拦河坝	90	3.5	150	10	彩屯拦河坝	236.52	3	260
5	泥塔拦河坝	270	3.5	200	11	团山子拦河坝	214	5	300
6	威宁拦河坝	227	5	450	12	上堡拦河坝	261	3.5	200

图 8-15　示范河段及示范工程示意图

示范前期，组织完成了如下相关依托工程：太子河干流本溪城市重点排污口段清淤及绿化工程；太子河本溪威宁桥以上至梁家段、卧龙至牛心台段、姚家段、团山子段生态护坡建设工程；示范河段内水库和闸坝泄流设备的维修改造工程。

(1)2009 年完成太子河主干溪湖河口至福金河口段 4.6 km 的河道污染物清淤，清淤量 26.5 万 m³，工程投资 1 100 余万元。2011 年又完成了太子河团山子拦河坝下游、彩屯拦河坝下游段清淤工程、溪湖沟口段 887 m 河道清淤，完成清淤方量 6.1 万 m³，完成工程总投资为 217.67 万元。清淤产生的污泥回填到河道两侧，上面覆盖 2 m 厚的绿化土，种植树木。

(2)完成了太子河本溪威宁桥以上至梁家段、卧龙至牛心台段、姚家段、团山子段生态护坡建设工程。其中，太子河威宁桥以上至梁家段绿化工程栽植银中杨 5 500 株，铺设草坪11 000 m²，土方回填 5 万余 m³。

(3)完成了示范河段内水库和闸坝泄流设备的维修改造工程，改造后的泄流设备能够符合调度方案示范调度需求。

8.3.3　太子河水质水量优化调配技术示范实施

为保证示范研究工作的顺利实施，在示范前期，课题组经多次沟通协调，与省属相关厅局、当地相关单位完成对接，达成示范协议，并成立了示范工程管理小组，责任落实到人，具体调度示范组织管理程序如图 8-16 所示。

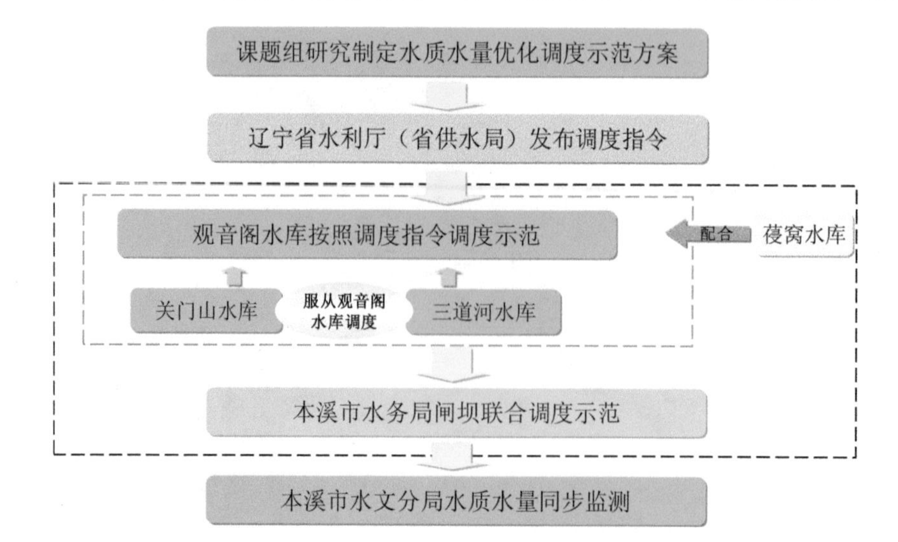

图 8-16　调度示范组织管理流程

示范工作正式开展前，2010 年 4 ~ 5 月开展了水库闸坝联合调度试验。观音阁水库 2010 年 4 月末开始实施泄流。课题组及时对此次泄流制订了同步监测方案，课题参加单位辽宁省水文局对泄流的水质水量进行同步加密监测，取得相关监测数据。此次试验为库群闸坝联合调度初步方案调整和概化提供了依据。经过水库泄流，太子河流量比往年同期明显增大，使得河道内水质得到了一定的改善。

2011 年水质水量优化调配示范工作全面展开，观音阁水库通过机组下泄满足下游河道水质改善的水量；同时制订了水质水量同步监测方案，方案包括监测断面、监测频次、监测项目等内容。具体监测方案见表 8-9。

表 8-9　示范河段水质水量联合调配监测方案

监测方案	关键断面	常规断面	补充断面
监测断面	本溪、白石砬子	观音阁水库坝下、老官砬子、二焦	关门山水库坝下、三道河水库坝下、小汤河和小夹河入太子河河口
监测频次	水质敏感时段(3 ~ 5 月,10 ~ 11 月)每 10 d 监测 1 次,在一般时段(6 ~ 9 月)每月监测 1 次	每月监测一次	敏感时段和一般时段各监测一次
监测项目	NH_3—N、高锰酸盐指数、COD、总氮、总磷、流量、水位、水温		

8.3.4　太子河水质水量优化调配技术示范效果评估

8.3.4.1　流量监测分析

白石砬子断面为考核断面，监测结果显示，2011 年 3 ~ 10 月，白石砬子断面流量为 48.0 ~ 126.0 m^3/s，最小值发生在 3 月，最大值发生在 9 月。详见图 8-17 及表 8-10。

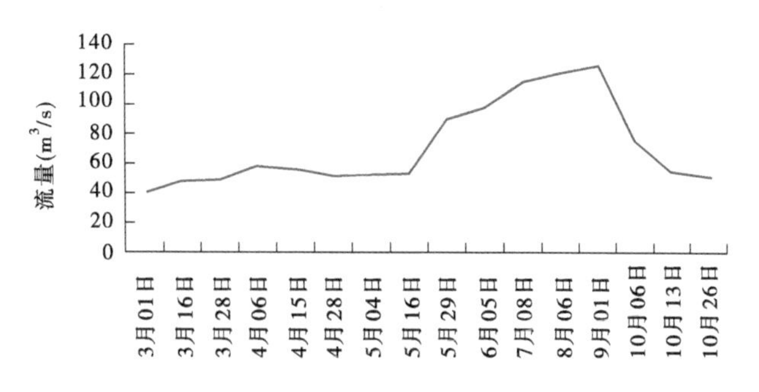

图 8-17　2011 年白石砬子断面流量曲线

表 8-10　2011 年白石砬子断面流量分析

时间		流量(m^3/s)
2006 年	枯水期	26.7
	丰水期	64.2
2009 年	枯水期	42.7
	丰水期	64.3
2011 年	枯水期	67.8
	丰水期	115.3
项目		提高率(%)
2011 年/2006 年	枯水期	153
	丰水期	80
2011 年/2009 年	枯水期	59
	丰水期	79

枯水期(3～5 月、10 月)断面平均流量为 67.8m^3/s,较 2006 年同期平均流量 26.7 m^3/s 增加了 153%,较示范工程运行前(2009 年)同期平均流量 42.7 m^3/s 增加了 59%。丰水期(6～9 月)平均流量为 115.3 m^3/s,较 2006 年同期平均流量 64.2 m^3/s 增加了 80%,较示范工程运行前(2009 年)同期平均流量 64.3 m^3/s 增加了 79%,详见表 8-10。

8.3.4.2　化学需氧量监测分析

监测结果显示,2011 年 3～10 月,白石砬子断面化学需氧量实测浓度值为 11.7～24.8 mg/L,最小值发生在 3 月,最大值发生在 5 月,详见图 8-18 及表 8-11。

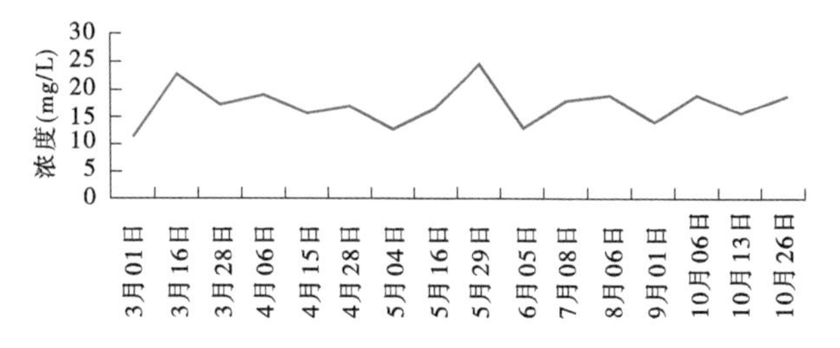

图 8-18　2011 年白石砬子断面化学需氧量浓度曲线

表 8-11　2011 年白石砬子断面化学需氧量浓度分析

项目			浓度值(mg/L)
2006 年	枯水期	实测值	23.57
	丰水期	实测值	15.88
2009 年	枯水期	实测值	23.93
	丰水期	实测值	19.13
2011 年	枯水期	实测值	21.38
		还原值(2006)	8.75
		还原值(2009)	12.24
	丰水期	实测值	16.00
		还原值(2006)	8.64
		还原值(2009)	9.84
项目			下降率(%)
枯水期		2011 年(实测值)/2006 年(实测值)	9
		2011 年(实测值)/2009 年(实测值)	11
		2011 还原值(2006)/ 2006 年(实测值)	63
		2011 还原值(2009)/ 2009 年(实测值)	49
丰水期		2011 年(实测值)/2006 年(实测值)	-1
		2011 年(实测值)/2009 年(实测值)	16
		2011 还原值(2006)/ 2006 年(实测值)	46
		2011 还原值(2009)/ 2009 年(实测值)	49

枯水期白石砬子断面化学需氧量实测平均浓度为 21.38 mg/L,较 2006 年同期实测平均值 23.57 mg/L 降低了 9%,较示范工程运行前(2009 年)同期实测平均值 23.93 mg/L,降低了 11%。丰水期白石砬子断面化学需氧量实测平均浓度为 16.00 mg/L,较 2006 年同期实测平均值 15.88 mg/L 持平,较示范工程运行前(2009 年)同期实测平均值 19.13 mg/L 降低了 16%,详见表 8-11。

按 2006 年、2009 年污染物通量计算,2011 年化学需氧量浓度值与 2006 年同期相比至少降低 23%,与 2009 年同期相比至少降低 22%。

8.3.4.3　氨氮监测分析

监测结果显示,2011 年 3 ~ 10 月,断面氨氮浓度值为 0.069 ~ 4.78 mg/L,最小值发生在 3 月,最大值发生在 5 月,详见图 8-19 及表 8-12。

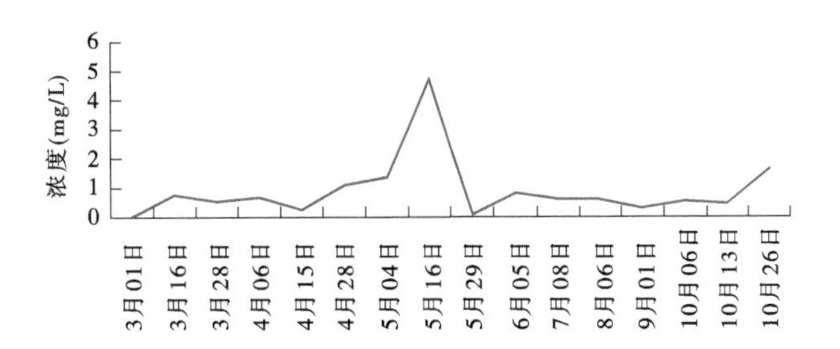

图 8-19　2011 年白石砬子断面氨氮浓度曲线

表 8-12　2011 年白石砬子断面氨氮浓度分析表

项目			浓度值(mg/L)
2006 年	枯水期	实测值	2.695
	丰水期	实测值	1.070
2009 年	枯水期	实测值	1.383
	丰水期	实测值	0.890
2011 年	枯水期	实测值	0.526
		还原值(2006)	1.020
		还原值(2009)	0.460
	丰水期	实测值	0.622
		还原值(2006)	0.731
		还原值(2009)	0.427
项目			下降率(%)
枯水期		2011 年(实测值)/2006 年(实测值)	80
		2011 年(实测值)/2009 年(实测值)	62
		2011 还原值(2006)/ 2006 年(实测值)	62
		2011 还原值(2009)/ 2009 年(实测值)	67
丰水期		2011 年(实测值)/2006 年(实测值)	42
		2011 年(实测值)/2009 年(实测值)	30
		2011 还原值(2006)/ 2006 年(实测值)	32
		2011 还原值(2009)/ 2009 年(实测值)	52

枯水期白石砬子断面氨氮平均浓度为 0.526 mg/L,较 2006 年同期平均值 2.695 mg/L降低了 80%,较示范工程运行前(2009 年)同期平均值 1.383 mg/L 降低了 62%。丰水期平均浓度为 0.622 mg/L,较 2006 年同期平均值 1.070 mg/L 降低了 42%,较示范工程运行前(2009 年)同期平均值 0.890 mg/L 降低了 30%,详见表 8-12。

按 2006 年、2009 年污染物通量计算，2011 年氨氮浓度值与 2006 年同期相比至少降低 23%，与 2009 年同期相比至少降低 22%。

8.3.4.4　高锰酸盐指数监测分析

监测结果显示，2011 年 3 ~ 10 月，断面高锰酸盐指数为 3.0 ~ 7.7 mg/L，最小值发生在 7 月，最大值发生在 3 月，详见图 8-20 及表 8-13。

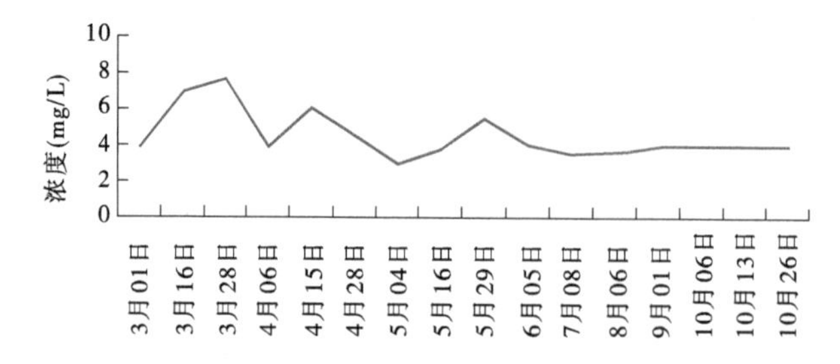

图 8-20　2011 年白石砬子断面高锰酸盐指数曲线

表 8-13　2011 年白石砬子断面高锰酸盐指数分析表

项目			浓度值(mg/L)
2006 年	枯水期	实测值	7.57
	丰水期	实测值	4.88
2009 年	枯水期	实测值	7.13
	丰水期	实测值	3.85
2011 年	枯水期	实测值	5.13
		还原值(2006)	2.79
		还原值(2009)	3.55
	丰水期	实测值	3.84
		还原值(2006)	2.87
		还原值(2009)	2.02
项目			下降率(%)
枯水期		2011 年(实测值)/2006 年(实测值)	32
		2011 年(实测值)/2009 年(实测值)	28
		2011 还原值(2006)/ 2006 年(实测值)	63
		2011 还原值(2009)/ 2009 年(实测值)	50
丰水期		2011 年(实测值)/2006 年(实测值)	21
		2011 年(实测值)/2009 年(实测值)	0
		2011 还原值(2006)/ 2006 年(实测值)	41
		2011 还原值(2009)/ 2009 年(实测值)	48

枯水期白石砬子断面高锰酸盐指数平均值为5.13 mg/L,较2006年同期平均值7.57 mg/L降低了32%,较示范工程运行前(2009年)同期平均值7.13 mg/L降低了28%。丰水期平均浓度为3.84 mg/L,较2006年同期平均值4.88 mg/L降低了21%,较示范工程运行前(2009年)同期平均值3.85 mg/L持平,详见表8-13。

按2006年、2009年污染物通量计算,2011年高锰酸盐指数与2006年同期相比至少降低23%,与2009年同期相比至少降低22%。

8.3.4.5　**总氮监测分析**

监测结果显示,2011年3～10月,断面总氮为4.03～9.42 mg/L,最小值发生在8月,最大值发生在5月,详见图8-21。因2006年和2009年,该断面均未监测总氮指标,故未进行纵向比较分析。

图8-21　2011年白石砬子断面总氮浓度曲线

8.3.4.6　**总磷监测分析**

监测结果显示,2011年3～10月,断面总磷为0.05～0.15 mg/L,最小值发生在3月,最大值发生在4月,详见图8-22。因2006年和2009年,该断面均未监测总磷指标,故未进行纵向比较分析。

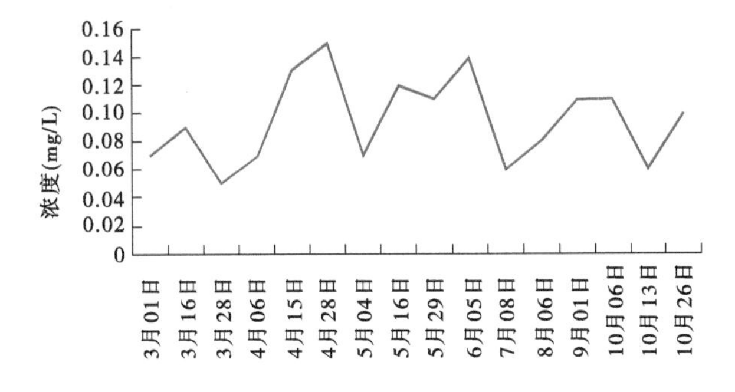

图8-22　2011年白石砬子断面总磷浓度曲线

2006年、2009年、2011年白石砬子断面水质水量监测成果表分别见表8-14～表8-16。

表 8-14　2006 年水质水量监测成果表(白石砬子断面)

月份	河流	流量		水温 (℃)	化学需氧量 (mg/L)	氨氮 (mg/L)	高锰酸盐 (mg/L)
		m^3/s	万 m^3/d				
4	太子河	25	216	10.0	26.2	2.89	6.8
5	太子河	28.6	247.104	20.5	22.7	2.50	5.6
6	太子河	65.5	565.92	17.1	12.7	1.80	4.7
7	太子河	88.9	768.096	17.0	18.1	1.61	6.7
8	太子河	79.4	686.016	19.0	13.1	0.68	3.6
9	太子河	22.9	197.856	19.0	19.6	0.19	4.5
10	太子河	26.6	229.824	18.0	21.8	< DL	10.3

表 8-15　2009 年水质水量监测成果表(白石砬子断面)

月份	河流	流量		水温 (℃)	化学需氧量 (mg/L)	氨氮 (mg/L)	高锰酸盐 (mg/L)
		m^3/s	万 m^3/d				
3	太子河	12.7	109.7	0.0	39.6	4.32	12.1
4	太子河	31.3	270.4	3.0	19.6	1.01	6.9
5	太子河	70.0	604.8	17.0	15.5	0.08	3.8
6	太子河	57.1	493.3	20.0	10	0.98	3.8
7	太子河	77.0	665.3	21.0	19.0	0.45	4.0
8	太子河	76.1	657.5	21.5	12.2	0.16	1.4
9	太子河	47.1	406.9	23.0	35.3	1.97	6.2
10	太子河	56.6	489.0	11.0	21.0	0.12	5.7

表 8-16　2011 年水质水量监测成果表(白石砬子断面)

序号	河流	采样日期	采样时间	流量 (m^3/s)	气温 (℃)	水温 (℃)	化学需氧量 (mg/L)	氨氮 (mg/L)	总氮 (mg/L)	总磷 (mg/L)	高锰酸盐指数
1	太子河	3 月 1 日	10:30	41.0	−3.0	1.0	11.7	0.069	6.78	0.07	3.9
2	太子河	3 月 16 日	9:40	48.0	−1.0	0.0	22.8	0.763	6.58	0.09	7.0
3	太子河	3 月 28 日	14:10	50.0	10.0	8.0	17.3	0.560	7.09	0.05	7.7
4	太子河	4 月 6 日	10:40	58.0	12.5	10.0	19.0	0.694	6.46	0.07	3.9
5	太子河	4 月 15 日	9:00	56.40	10.5	12.0	15.8	0.289	6.89	0.13	6.1
6	太子河	4 月 28 日	14:20	52.0	17.0	12.5	16.8	1.10	7.40	0.15	4.6
7	太子河	5 月 04 日	10:30	53.0	23.5	11.0	12.9	1.40	6.29	0.07	3.0

续表 8-16

序号	河流	采样日期	采样时间	流量 (m^3/s)	气温 (℃)	水温 (℃)	化学需氧量 (mg/L)	氨氮 (mg/L)	总氮 (mg/L)	总磷 (mg/L)	高锰酸盐指数
8	太子河	5 月 16 日	9:35	53.0	19.5	16.0	16.9	4.78	9.42	0.12	3.8
9	太子河	5 月 29 日	10:00	90.0	28.0	17.0	24.8	0.086	7.20	0.11	5.5
10	太子河	6 月 05 日	9:15	98.0	26.0	19.0	13.1	0.865	5.47	0.14	4.1
11	太子河	7 月 08 日	9:00	115.0	23.0	22.5	17.9	0.633	5.53	0.06	3.6
12	太子河	8 月 06 日	11:20	122.0	24.5	23.5	19.1	0.6	4.0	0.1	3.7
13	太子河	9 月 01 日	11:10	126.0	23.0	21.0	13.9	0.344	6.57	0.11	4.0
14	太子河	10 月 06 日	10:00	75.0	13.5	14.5	18.9	0.562	6.32	0.11	4.1
15	太子河	10 月 13 日	9:25	55.0	20.0	16.5	15.9	0.491	7.90	0.06	4.1
16	太子河	10 月 26 日	9:15	51.0	7.0	12.0	18.5	1.63	8.80	0.10	4.0

8.3.4.7　小结

通过课题示范，在流域污染源控制的基础上，太子河流域合金沟工业用水区、排污控制区（白石砬子断面）2011 年水环境容量较 2006 年同期至少增加 29%，较 2009 年同期至少增加 29%；2011 年 COD、NH_3—N 浓度较 2006 年同期至少降低 23%；2011 年 COD、NH_3—N 浓度较 2009 年同期至少降低 22%。优于示范考核指标水环境容量增加不低于 20%，主要污染物 COD 和 NH_3—N 浓度降低 20% ~25% 要求。

8.4　太子河流域水污染突发事件应急水力调度技术研究

8.4.1　太子河流域污染源识别分析

太子河流域污染源众多，对太子河流域的特征风险源进行识别，具有非常重要的意义。本书首先在对比多种风险源识别方法的基础上，构建了基于等标污染负荷法的流域污染风险源识别方法；研究完成了流域污染源实地调查工作，形成排污企业污染物排放量和特征污染物的基础信息；提出风险源筛选条件，通过行业类别分析、废水排放量统计分析，选定了特征污染行业；并进一步选定重点风险源，共 14 个，可进一步用于预案编制和应急调度方案制定。

8.4.1.1　风险源识别方法及过程

太子河流域企业数量较多，需要通过一定的技术手段，对工业企业风险源进行筛选，筛选出重点风险源，既能代表太子河流域工业企业的行业特征，又具有一定的科学依据，本书采用了从污染源调查、筛选到风险源识别的技术路线（见图 8-23）。

本书参照和依据《全国乡镇工业污染源调查重点污染源筛选技术规定》、《污水综合

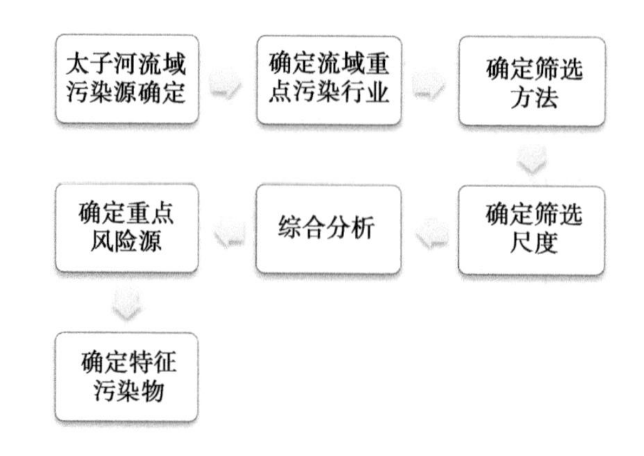

图 8-23　太子河流域风险源识别路线

排放标准》(GB 8978—1996)及《辽宁省污水综合排放标准》(DB 21/1627—2008)等标准规范。首先构建了基于等标污染负荷法的流域风险源识别方法,等标污染负荷法作为专业的污染源评价方法,是把排放介质稀释(或浓缩)到排放标准时的体积,以使各种污染物具有可比性。本书在对太子河流域的工业废水污染源分别计算相对等标污染负荷 P_n 值后,按 P_n 值从大到小进行排序,从而实现对污染风险源的筛选。

重点风险源的筛选尺度主要考虑三个方面:首先将流域各行业的调查企业按等标污染负荷(P_n)大小进行排序,根据所筛选污染源的数量,人为设定一个等标污染负荷值作为筛选的标准。其次,由于监测采样的随机性,等标污染负荷(P_n)不能完全绝对准确反映企业的排污变化及对环境污染的大小,而工业废水排放量基本反映了企业的生产规模和管理水平,将排放量较大的企业纳入到重点污染源。最后,考虑到支柱行业因素,研究区内支柱行业无论是数量还是等标污染负荷(P_n)都占绝对优势。为了使重点污染源也覆盖到其他非支柱行业中较大的企业,支柱行业与非支柱行业也应采用不同的筛选尺度,并经多次筛选试排后确定。

重点风险源识别将根据各企业的总等标污染负荷排序结果进行,初步选定两类风险源,分别为直排风险源和将污水排入污水处理厂的风险源,并考虑以下各因素:①合并同行业企业,选取其中一个比较有代表性的污染源作为重点污染源;②采用叠图法,在 GIS 中运用空间分析,综合考虑污染源的位置,尽量选取太子河干流的污染源,将污染源附近是否有水源地等因素纳入到筛选的条件中;③企业的规模是否为太子河流域的大型企业等;④一些行业的特殊性,如石化行业等。综合以上各因素,选定重点风险源。

8.4.1.2　太子河流域污染风险源识别

本书的风险源识别基于流域污染源的评价结果开展,首先根据全国第一次污染源普查资料进行筛查,太子河流域直排企业达到 953 个,排放到污水处理厂的企业总数量达到了 164 个,总数为 1 117 个。在此基础上,本书还开展了太子河流域工业污染源的调查工作,旨在摸清流域内各工矿企业污染源的污染物排放状况,掌握企业在生产过程中对资源、能源的耗用情况。污染源调查工作于 2010 年 4 ~6 月展开,以太子河流域内的所有工矿企业为工业污染源调查对象。研究单位共调查工业污染源本溪市 115 个、鞍山市 241

个、辽阳市 120 个,总计 476 个。

根据《国民经济行业分类》(GB/T 4754—2002),太子河流域的行业类别较全,尤其是黑色金属加工业、造纸业、纺织业等污染高发企业在本流域所占比重较大。按行业类型对企业数量进行统计,非金属矿制品业、黑色金属矿采选业、黑色金属冶炼及压延加工业在太子河流域所占的比重较高。而从废水排放量来看,黑色金属冶炼及压延加工业、石油加工及炼焦业、造纸及纸制品业等所占比例较高,为太子河流域高污染风险的行业。因此,本书选取太子河流域的黑色金属冶炼及压延加工业、石油加工及炼焦业、造纸及纸制品业、黑色金属矿采选业、纺织业、化学原料及化学制品制造业为特征污染行业,为进一步对风险源的筛选提供依据。

按照污水排放方式的不同,将企业分为直排及将污水排入污水处理厂两大类。

(1)直接排放水污染物的企业(953 家):因直排企业较多,考虑到建模的工作量以及太子河流域的支柱行业等综合因素,选取了总污染负荷大于 10 的 19 家企业,作为直排的初步筛选对象,所选取的样本数量占总样本数量的 2%,所选取样本总污染负荷占全部直排企业总污染负荷的 65%,且涵盖了研究区太子河流域的主要支柱行业及较大型企业,因此认为所筛选的污染源比较具有代表性。

(2)将水污染物排入污水处理厂的企业(164 家):将水污染物排入污水处理厂的企业共 164 家,从中筛选出 3 家。

根据以上筛选原则,确定污染源为重点风险源见表 8-17。

表 8-17　太子河流域重点风险源

序号	名称	行业类别_名称	受纳水体名称	特征污染物
1	辽宁北方煤化工(集团)股份有限公司	氮肥制造	太子河	尿素
				COD
				氨氮
2	本钢板材股份有限公司焦化厂	炼焦	太子河	氰化物
				氨氮
				挥发酚
3	辽宁庆阳特种化工有限公司	炸药及火工产品制造	太子河	硝基苯
4	鞍钢股份有限公司	黑色金属冶炼及压延加工业	运粮河	氰化物
				挥发酚
				氨氮
5	本溪北营钢铁(集团)股份有限公司	炼铁	细河	氰化物
				氨氮
				挥发酚
6	中国石油辽阳石化分公司	石油制品业	太子河	氨氮
				挥发酚

续表 8-17

序号	名称	行业类别_名称	受纳水体名称	特征污染物
7	本溪海大制药有限公司	化学药品原药制造	太子河	COD
8	本溪中日龙山泉啤酒有限公司	啤酒制造	太子河	COD
				氨氮
9	鞍钢集团矿业公司 弓长岭矿业公司	铁矿采选	汤河	悬浮物
10	辽阳污水处理厂	污水处理	柳壕河	COD
				氨氮
11	石桥子开发区污水处理厂	污水处理	北沙河	COD
				氨氮
12	本钢污水处理厂	污水处理		COD
				氨氮
13	灯塔市污水处理厂	污水处理	北沙河	COD
				氨氮
14	鞍山城市水务运营有限公司	污水处理	运粮河	COD
				氨氮

采用叠图法将重点污染源以及太子河流域的水源地进行叠加，如图 8-24 所示。

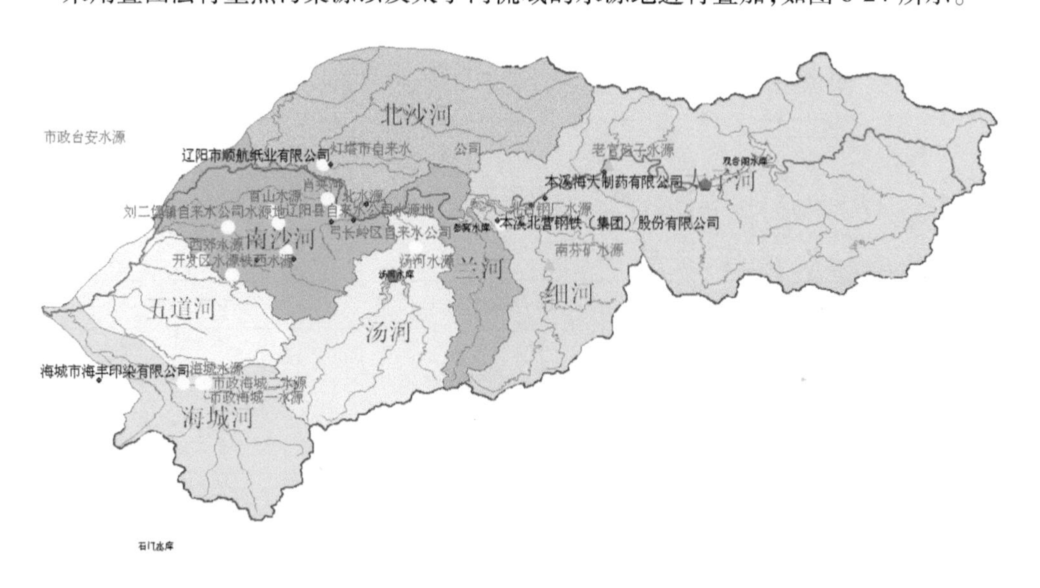

图 8-24　太子河流域水源地与风险源相对位置关系

经过实地调查，查阅文献资料，如统计年鉴等，对以上风险源的特征污染物进行识别，每个企业因具体情况不同，而将其产品或储存的生产过程中的危险品以及生产过程中产生的污染物根据其毒性、对环境(尤其是水环境)的污染途径、对人体的危害程度等特征,定为此风险源的特征污染物,成果见表8-17。

8.4.2　太子河流域水污染事件水力应急调度模型研究

本书研发了多闸坝河流水动力模型、水质模型、水力调度模型,实现了多模型的动态耦合,形成了多闸坝河流水污染突发事件的预报调度模型。经验证,该模型表现出良好的水量、水质守恒性,并对污染团迁移扩散过程具有良好的捕捉性和反演能力,是一种应用于水污染应急处理的模型。基于该模型,本书模拟分析了不同的应急水力调度方案对水污染突发事件的处置效果,可以看出,观音阁水库加大泄量的调度能缓解污染事故的影响范围和程度,应急水力调度措施将会对污染事件的处置起到积极作用;在科学必选的基础上,可对突发性水污染事件的应急处置提供有力的技术支持。

8.4.2.1　耦合模型构建

本书针对太子河流域水污染突发事件预测与应急水力调度的需求,研发了多闸坝河流水动力模型、水质模型、水力调度模型,实现了多模型的动态耦合,形成了多闸坝河流水污染突发事件的预报调度模拟技术,为水污染突发事件应急水力调度管理提供了决策支撑。本书是以模型库的形式将太子河流域水污染突发事件预测模型和应急水力调度模型进行集成,构建模型库管理系统的主要目的是使用户能高效地使用已建立的模型库,模型库的管理员能方便地把新建的模型加入到已有的模型库中去,同时还可以对已有的模型进行维护。模型库管理系统功能结构如图8-25所示。

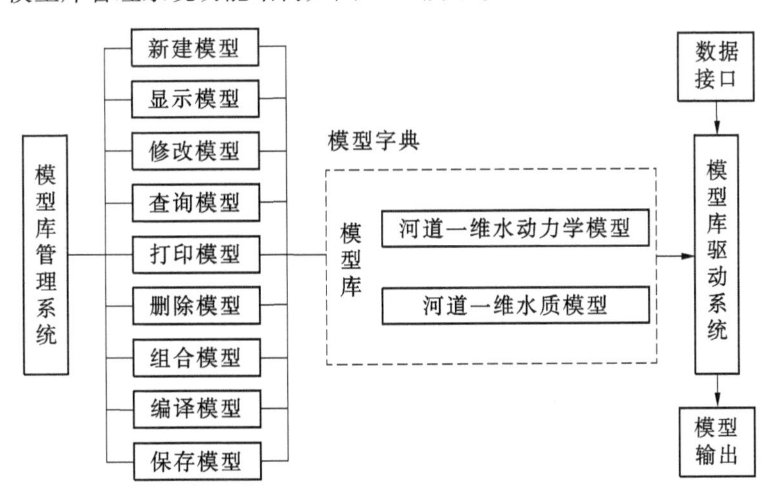

图8-25　模型库管理系统功能结构

本书以一维水动力模型、水质模型为基础,耦合水利工程调度模块,形成耦合的多闸坝模拟模型。针对太子河干流人工调控程度高、水库闸坝等水利工程分布密集的特点,本书特别对水利工程及特殊河道的模型处理方法进行了研究,构建了水库、翻板闸、集中式抽放水等水利工程,以及断面突变河道、有分洪区河道、河漫滩河道等河道类型的模型处理方法,能够对太子河干流进行水动力学和水质特征的模拟,从而将模型用于水污染突发事件的预报,以及水力应急调度措施的评估。

模型模拟范围为太子河干流(见图 8-26),上游从观音阁水库下游段开始,下游至太子河唐马寨站,全长大约 200 km,其中河道上有各种拦河闸坝 7 个,大型水库葠窝水库 1 座,从太子河上游至下游共提取出 12 条主要支流,分别为小汤河、五道河、小夹河、卧龙河、南沙河、细河、汤河、北沙河、柳壕河、南沙河、运粮河、杨柳河。

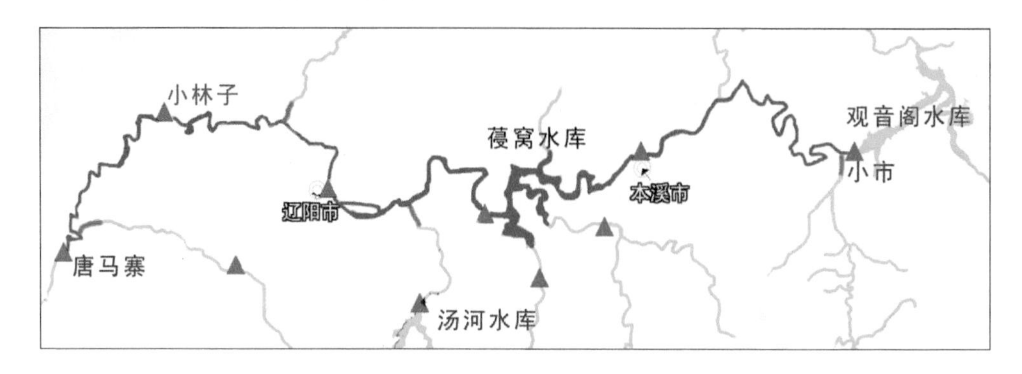

图 8-26 太子河水系河网概化图

模型选取水文及水质资料较全的 2007 年作为率定及验证的水文年,经率定,模型中的河道糙率采用0.027 ~0.035。以辽阳断面和小林子断面为例进行模型计算值与实测值对比,结果见图 8-27 和图 8-28。

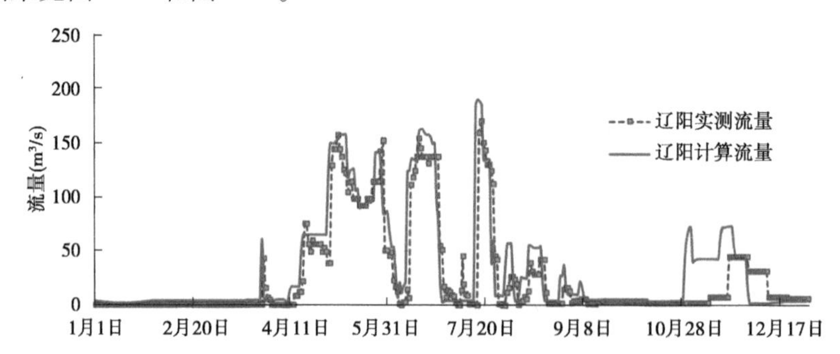

图 8-27 辽阳站 2007 年流量实测与计算对比

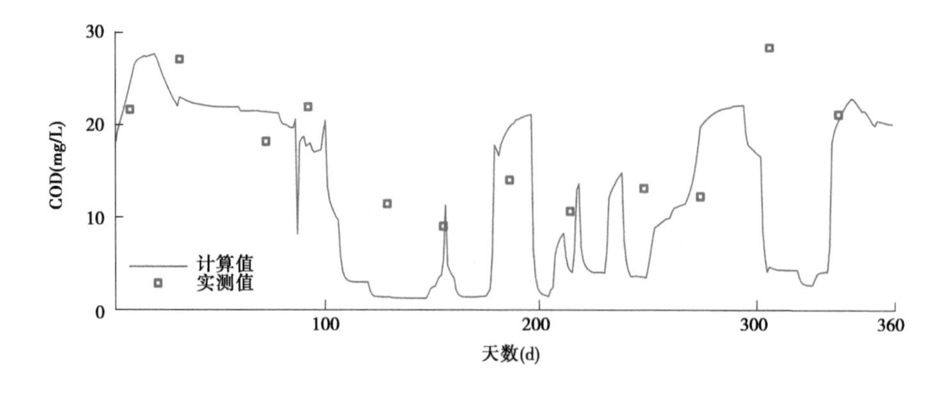

图 8-28 小林子站 2007 年化学需氧量实测值与计算值对比

8.4.2.2　水力调度措施评估

1. 常规调度方案效果计算

在模型率定和验证的基础上，根据太子河流域上众多水库及闸坝设施，提出不同的调控方案，设定计算情景，预测模拟水库及闸坝调控运行后水环境的变化，分析评价水量调度对太子河水环境的影响。计算观音阁水库和葠窝水库两个水库的不同情景（见表 8-18）下泄流量下化学需氧量和氨氮浓度的变化（见图 8-29），分析水力调度措施对太子河水质的影响。

表 8-18　太子河水库调度方案

方案	下泄流量（m^3/s）	
	观音阁水库	葠窝水库
现状	10	4
方案一	15	6
方案二	20	8

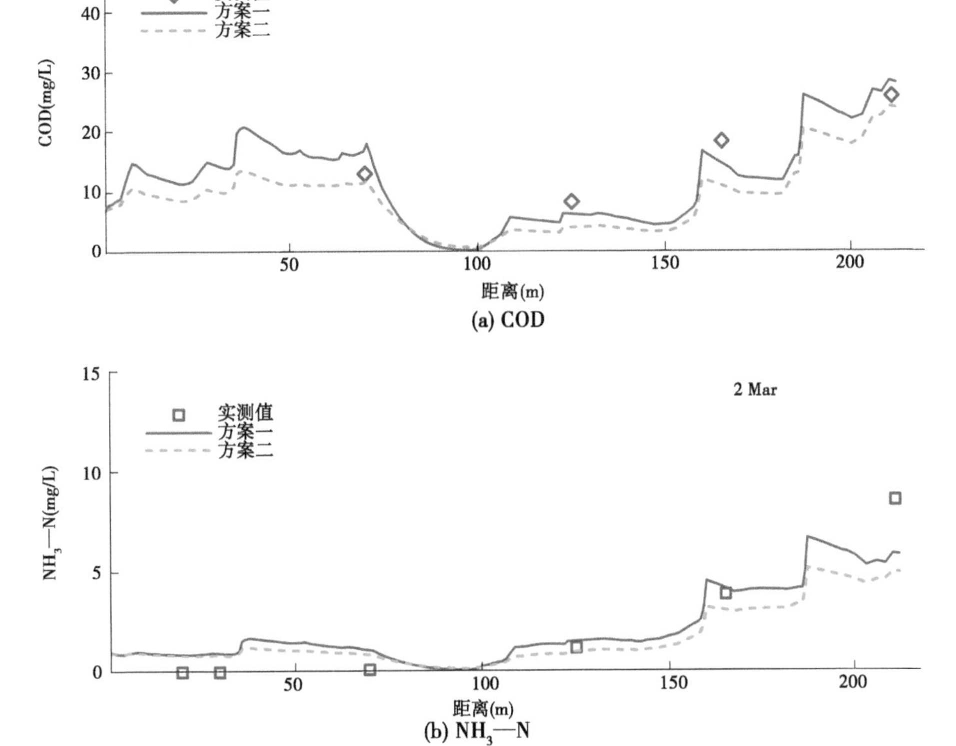

图 8-29　不同水力调度方案下太子河化学需氧量（COD）和氨氮（NH_3—N）浓度沿程变化

可以看出，太子河的水质浓度随观音阁水库和葠窝水库水量调度的改变而变化，葠窝水库上游河段对观音阁水库的下泄流量较为敏感，下游河段对葠窝水库的下泄流量较为敏感。在枯水期适当地加大水库的下泄流量对改善水库水环境具有较明显的效果。

2. 应急调度效果计算

本书基于对太子河流域污染风险源的识别结果,以设定情景计算分析水力应急调度措施对水污染突发事件的调度效果。该情景设置为:本溪下游风险源发生事故,采用观音阁水库进行应急水力调度进行处置,观音阁水库采用 4 种泄流方案,分别为:①观音阁水库下泄流量恒定,为 5 m^3/s;②观音阁水库下泄流量恒定,为 10 m^3/s;③事件发生时,观音阁水库下泄流量为 5 m^3/s,10 min 后,加大泄量为 10 m^3/s;④事件发生时,观音阁水库下泄流量为 5 m^3/s,10 min 后,加大泄量为 20 m^3/s。

比较 4 个方案的计算结果可以看出,污染事故发生后,由观音阁水库加大泄量进行调度,比较不同调度方案下的水质浓度沿程变化如图 8-30 所示。

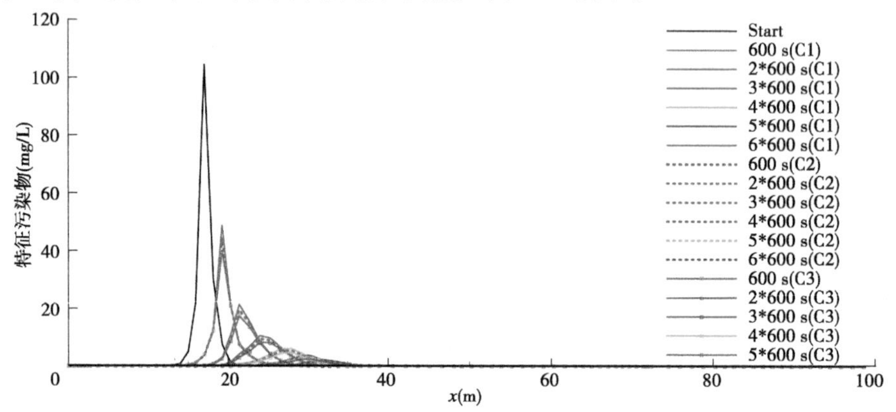

图 8-30　不同方案调度效果比较

可以看出,观音阁水库加大泄量的调度能缓解污染事故的影响范围和程度。应急水力调度将会对污染事件的处置起到积极作用,但同时需要指出的是,由于受河道形态、水利工程分布、事故发生地点及时间等多重因素的影响,需要对不同的调度方案进行科学比选后才能更好的应对和处置污染事故。同时,需要指出的是,在进行应急调度模型模拟计算中,需要合理设置比较小的时间步长和空间离散,以确保模型计算的精度。同时,某些参数的设定,如泥沙吸附参数等,需要根据实测数据等进行率定。

8.4.3　太子河流域水污染事件水力应急调度典型方案研究

本书采用自主研发的多闸坝河流水污染突发事件应急水力调度决策支持系统,对典型调度方案进行了模拟,从模拟结果可以看出,及时采用应急水力调度的措施可通过增加河道流速使污染团快速通过敏感点,从而缓解对敏感点的影响;而通过不同方案调度效果的比较结果,也可以为事故的应急处置提供技术支持。可以说明,决策支持系统可以有力地支撑水污染突发事件的应急处理处置工作。

8.4.3.1　典型调度方案设计

由于水污染突发事件具有的突发性、高危害性等特征,本书所提出的应急水力调度方案的主要目的是运用较大上游来水快速带离污染物,以保护太子河沿岸重点环境敏感目标,如水源地。本书中,沉淀、吸附、分子扩散、弥散等物理化学应急处置措施不做重点考虑。所以，本书所拟订的模拟方案中，污染物指标为通用的替代指标，如 TOC，分析各调度方案对敏感目标的应急效果。本次典型方案研究中，由于葠窝水库为太子河干流拦河的大型水库，蓄水量大，调度能力强，故以葠窝水库为例进行调度。以上述条件为基础，本书根据太子河径流水平年、年内水情期，葠窝水库最大下泄能力、50% 水库最大下泄能力，设计了多种典型方案（见表 8-19），并形成典型预案库。方案中，以葠窝水库下游某重点风险源（辽宁中旺集团突发污染事件）突发污染事件为例（见图 8-31），水情期为丰水年枯水期（1996 年 3 月 15 日 00:00:00）。

表 8-19　应急水力调度典型方案

事件	水文情景		方案类型	敏感点
	水平年	水情期	应急方案	重点关注点（水源、城市）
辽宁中旺集团突发污染事件	丰水年	枯水期	无应急措施	辽阳市南水源
				唐马寨水文站
			葠窝水库最大下泄流量	辽阳市南水源
				唐马寨水文站
			汤河水库最大下泄流量应急	辽阳市南水源
				唐马寨水文站
			葠窝水库 + 汤河水库最大下泄流量应急	辽阳市南水源
				唐马寨水文站
			葠窝水库 50% 最大下泄流量	辽阳市南水源
				唐马寨水文站

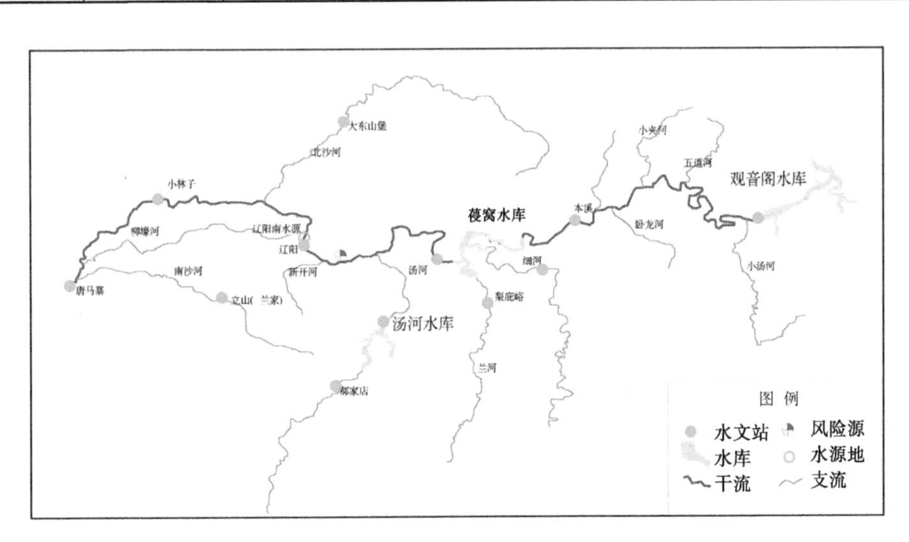

图 8-31　典型风险源和敏感目标位置示意图

8.4.3.2　调度方案效果比选

在上述典型调度方案中选取其中的 4 种方案进行调度效果对比：①无应急水力调度；

②葠窝水库最大下泄流量应急调度；③汤河水库最大下泄流量应急调度；④葠窝水库 + 汤河水库最大下泄流量应急调度。分析事件发生 24 h 后污染团运移位置、污染团全部通过辽阳市南水源时间、污染团全部通过唐马寨断面时间，从而为水污染突发事件的应急处置和决策提供依据，以污染团通过敏感点的时间为主要考核指标。调度方案计算结果见表 8-20。

表 8-20　应急水力调度典型方案

方案编号	敏感点（水源、关键断面）	调度方案结果	
		污染团 24 h 后运移位置(km)	污染源通过敏感点耗时(h)
①无应急措施	辽阳市南水源	22	29
	唐马寨水文站		97
②葠窝水库最大下泄流量应急措施	辽阳市南水源	37	21
	唐马寨水文站		49
③汤河水库最大下泄流量应急措施	辽阳市南水源	48	24
	唐马寨水文站		52
④葠窝水库 + 汤河水库最大下泄流量应急措施	辽阳市南水源	52	20
	唐马寨水文站		42

事件发生 24 h 后无应急水力调度方案下污染团峰值运移 22 km，葠窝水库最大下泄流量应急调度方案下污染团峰值运移 37 km，汤河水库最大下泄流量应急调度方案下污染团峰值运移 48 km，葠窝水库 + 汤河水库最大下泄流量应急调度方案下污染团峰值运移 52 km。各情景对比分析结果见图 8-32。

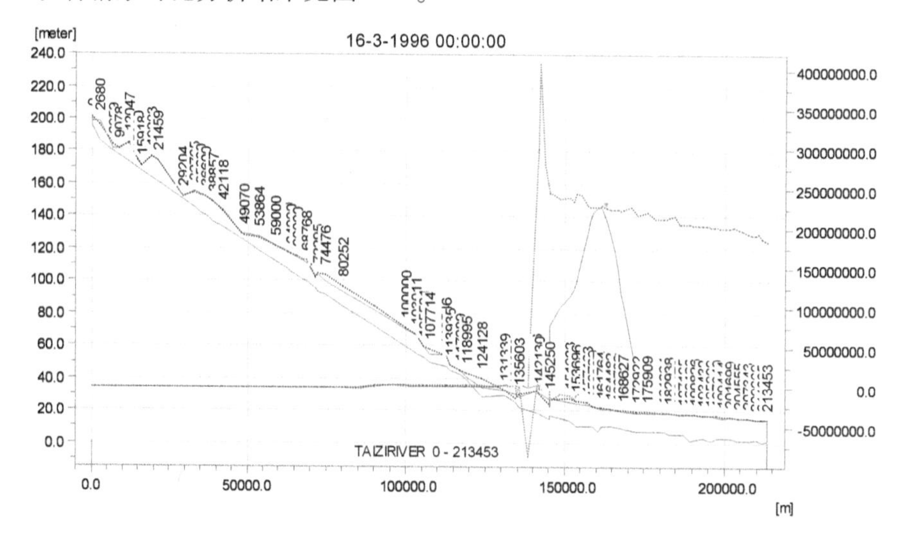

(a)无应急措施污染事件 24 h 后

图 8-32　事件发生 24 h 后水力应急调度情景对比分析

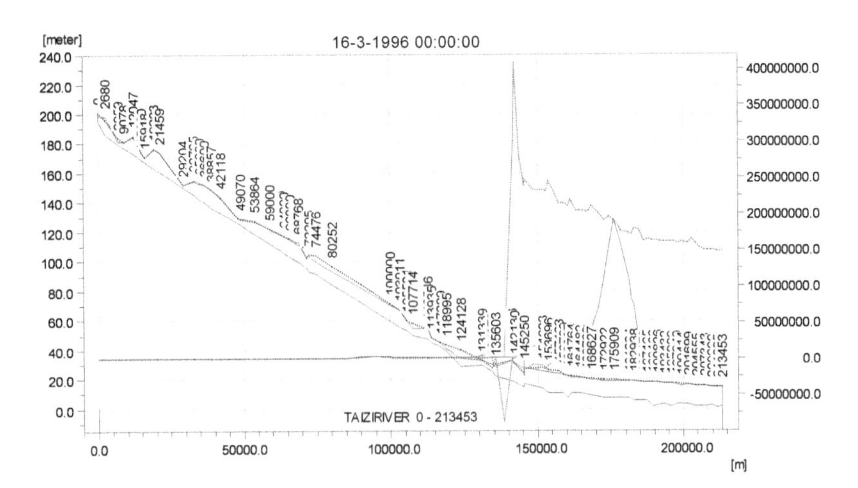

(b)葠窝水库最大下泄流量应急调度 24 h 后

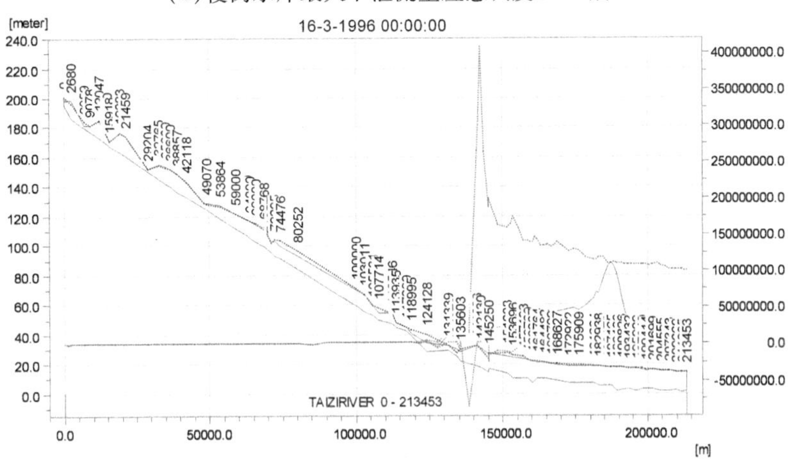

(c)汤河水库最大下泄流量应急调度 24 h 后

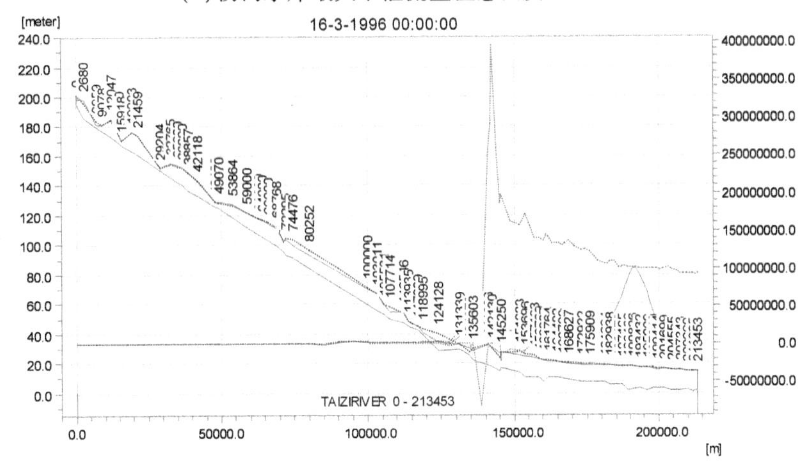

(d)葠窝水库 + 汤河水库最大下泄流量应急调度 24 h 后

续图 8-32

事件发生后无应急水力调度方案下污染物全部通过辽阳市南水源需要时间 29 h；葠窝水库最大下泄流量应急调度方案下污染物全部通过辽阳市南水源需要时间 21 h；汤河水库最大下泄流量应急调度方案下污染物全部通过辽阳市南水源需要时间 24 h；葠窝水库 + 汤河水库最大下泄流量应急调度方案下污染物全部通过辽阳市南水源需要时间 20 h。

事件发生后无应急水力调度方案下污染物全部通过唐马寨断面需要时间 97 h；葠窝水库最大下泄流量应急调度方案下污染物全部通过唐马寨断面需要时间 49 h；汤河水库最大下泄流量应急调度方案下污染物全部通过唐马寨断面需要时间 52 h；葠窝水库 + 汤河水库最大下泄流量应急调度方案下污染物全部通过唐马寨断面需要时间 42 h。

从上述典型方案模拟结果可以看出，在水污染突发事故发生时，及时采用应急水力调度的措施可通过增加河道流速使污染团快速通过敏感点，从而缓解对敏感点的影响；而通过不同方案调度效果的比较结果，也可以为事故的应急处置提供技术支持，从而有力地支撑水污染突发事件的应急处理处置工作的开展。

8.5　水质水量优化调配技术集成与管理信息化

8.5.1　辽河流域水质水量优化调配信息数据库研究

辽河流域水质水量优化调配信息数据库是根据辽河流域水系和水工程特点，以 SQL SERVER 2005 为平台所建立起来的综合性基础数据库，该数据库分为常态数据库及非常态数据库两个部分，为辽河流域水质水量优化调配决策支持系统的建设提供基础数据支撑。针对水污染突发事故的应急水力调度的技术需求，对流域基础信息库的构建进行了研究，首先对数据库结构进行了设计，在大量的资料收集和现场调查的基础上，将大量的数据资料入库，形成了辽河流域水质水量优化调配信息数据库。

8.5.1.1　常态数据库

常态数据库是辽河流域水质水量优化调配技术的基础，其属性数据库主要包括辽河流域的河道地形、河流水文、泥沙、水污染、水资源、水库闸坝、河流生态等信息。空间数据库主要包括辽河流域的河流水系、水利工程、水文站点、污染源等空间信息。包括调度系统节点图、流域水系图、地形地貌图、各水文站雨量站分布图、流域范围内各行政区划图等，通过构建基于 GIS 的空间地理信息数据库，将空间信息与水量水质调度方案相结合，为进行调度方案的空间分析提供支持。

8.5.1.2　非常态数据库

本书首先针对辽河流域水污染风险源特征、水系和水工程特点，围绕辽河流域水污染突发事件应急水力调度的技术需求，开展数据库的研究，构建了辽河流域的多层次目录式的水污染突发事件应急调度专业数据库（简称辽河流域专业数据库），主要包含两类信息库：流域基础信息库和应急处理支持信息库。并首次将瓦片金字塔技术用于该类数据库的构建，有效提升了系统运行效率，实现了多元动态空间数据与属性数据的无缝连接，为提高对水污染突发事件应急处置能力提供了基础数据支持，非常态数据库总体结构见图 8-33。

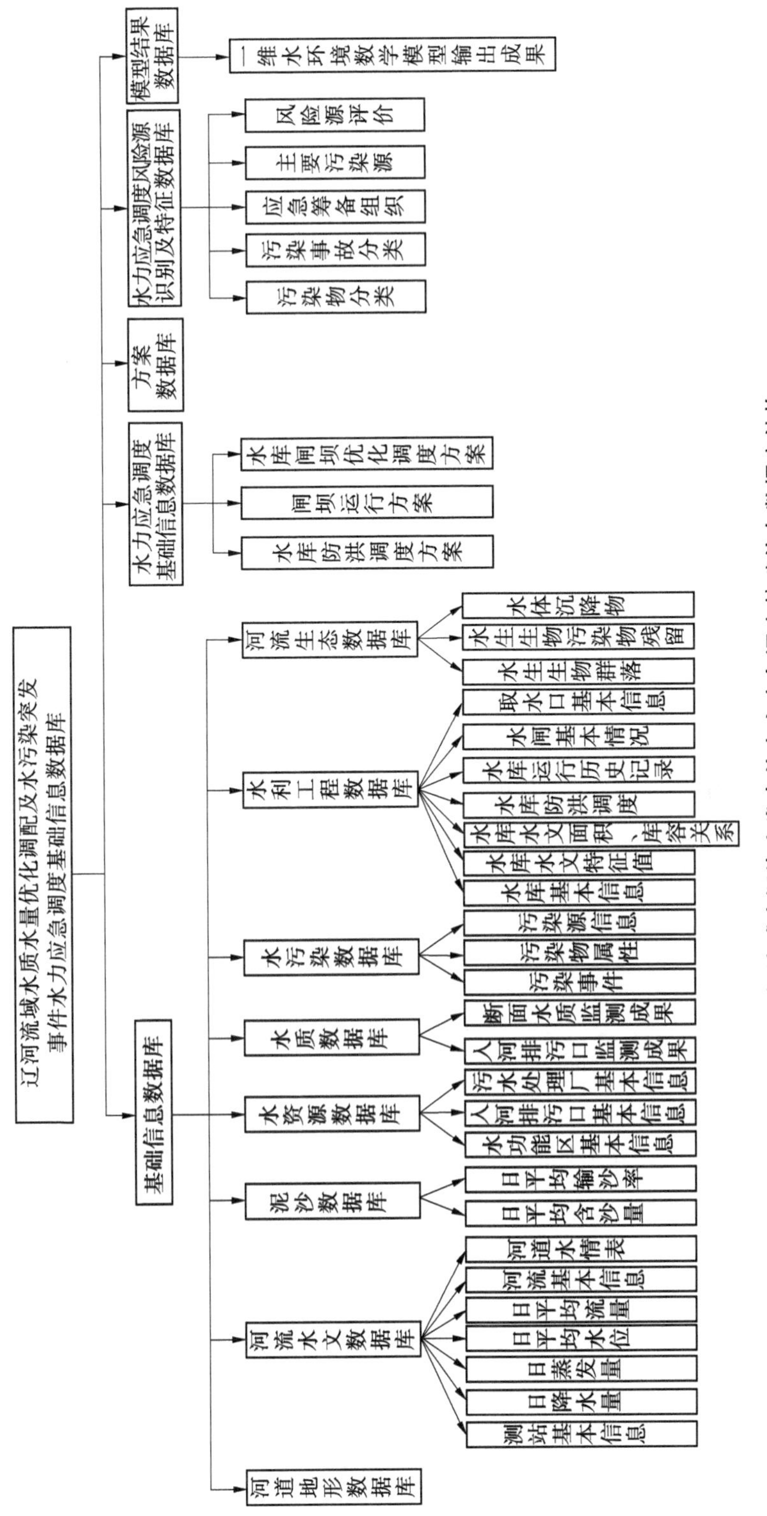

图 8-33　辽河流域水污染突发事件水力应急调度基础信息数据库结构

8.5.1.3　风险源识别成果库

建立流域水污染突发事件风险源分类标准及评价指标体系，调查评价太子河流域典型风险源，研究不同类型风险源污染特征，识别主要污染物类型，形成太子河流域水污染事件水力应急调度基础信息数据库系统中的污染源数据库。污染源评价主要采用等标污染负荷法与太子河流域工业企业的特点、环境污染特征相结合的方法进行评价和筛选。

选定三类风险源，分别为直排风险源、将污水排入污水处理厂的风险源及污水处理厂本身，并考虑以下各因素，综合确定风险源。

(1)合并同行业企业，选取其中一个比较有代表性的污染源作为重点污染源。

(2)采用叠图法，在GIS中运用空间分析，综合考虑污染源的位置，尽量选取太子河干流的污染源，将污染源附近是否有水源地等因素纳入到筛选的条件中。

(3)企业的规模，是否为太子河流域的大型企业等。

(4)一些行业的特殊性，如石化行业等。

(5)流域水源地分布情况是风险源筛选的一个重要参考条件。本流域分布有水库型水源地、河道型水源地及地下水型水源地。

8.5.1.4　数据库管理系统

数据库管理系统包括的主要功能有数据输入、数据查询输出、数据维护管理、代码维护、数据库安全维护、数据库备份恢复、数据库外部数据接口等，是数据更新、数据库建立和维护的主要工具，也是在系统运行过程中进行原始数据处理和查询的主要手段，其中数据库的外部数据接口将在后期完成。对决策单位而言，数据库管理系统的主要功能是一样的，因此数据库管理系统的主要功能要统一设计。数据库管理系统的功能逻辑结构如图8-34所示。

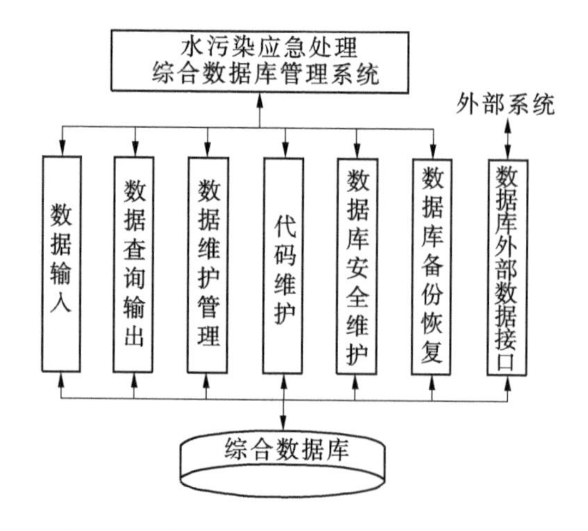

图8-34　数据库管理系统的功能逻辑结构

系统采用MySQL管理数据库，MySQL是一个可用于多种操作系统的关系数据库系统，是一个具有客户机/服务器体系结构的分布式数据库管理系统，适用于网络，可在Internet上共享数据库。

数据库建设遵循标准化及规范化的原则，以国家已颁布的数据库建设标准为依据，保证数据库在各个子课题间的通用性及可移植性。

1. 空间数据管理

模型空间数据主要是包括河网数据、断面数据、水利工程建筑等,界面见图8-35。

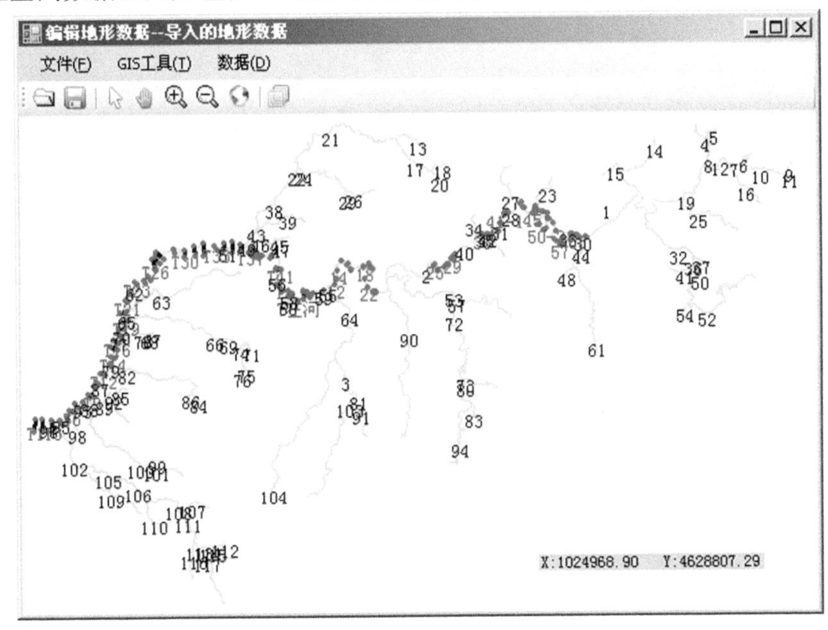

图8-35 模型空间数据管理

系统可以实现对太子河流域空间数据的管理,包括新建地形数据、打开地形数据、保存地形数据、重命名或删除地形数据等。

2. 属性数据管理

主要完成对已入库数据的管理功能,包括数据的更新、添加、修改、删除、复制、格式转换等功能。利用MySQL数据库系统提供的维护功能即可完成,主要包括:

(1)各类测站(水文、水质、污染事件)位置属性信息的增加、修改、删除;

(2)各类测站(水文、水质、污染事件)监测数据的增加、修改、删除;

(3)污染事件现场报告;

(4)基本元素数据项(国家行业标准、代码标准、系统数据字典等)的增加、修改、删除。

对属性数据的管理主要包括表类型管理及数据管理两个方面内容。

图8-36为按类型对各种属性数据表进行管理的界面。

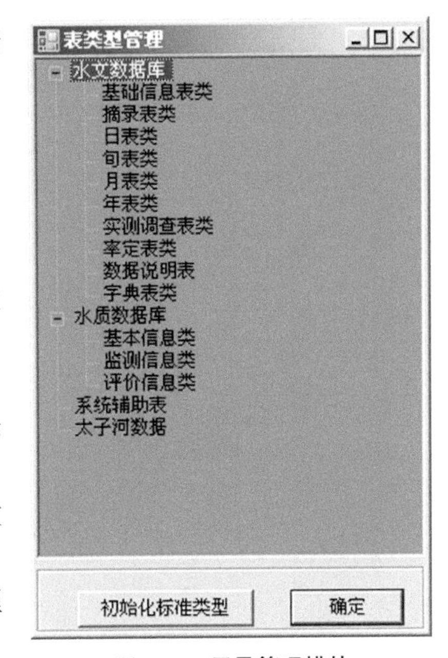

图8-36 目录管理模块

数据表管理模块实现的是数据库中数据表的创建、编辑、批量导入等功能。图 8-37 为表管理模块界面。

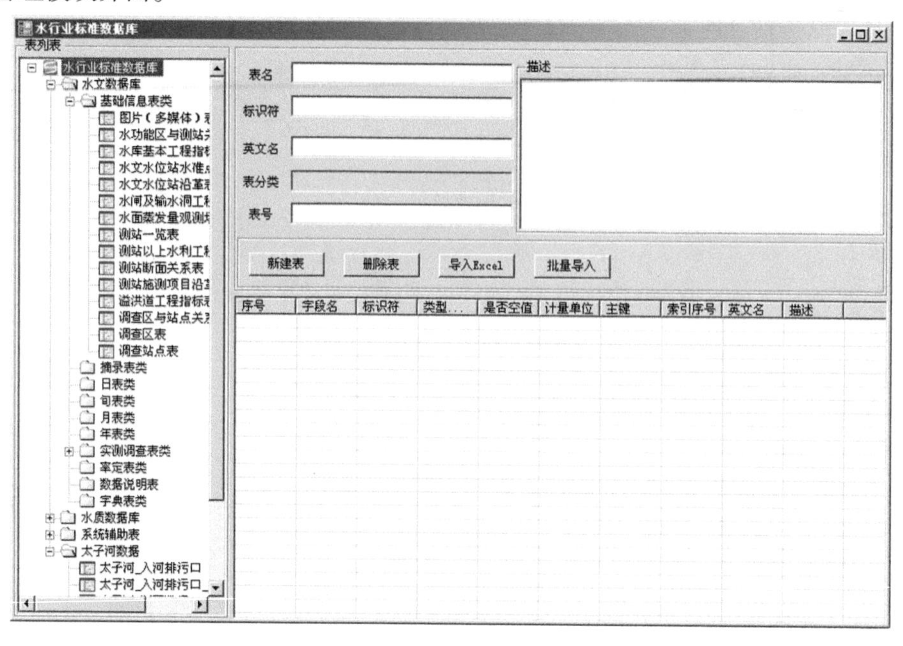

图 8-37　表管理模块界面

数据管理模块实现的是数据编辑和 xls 数据批量导入及数据管理功能。图 8-38 为数据管理模块界面。

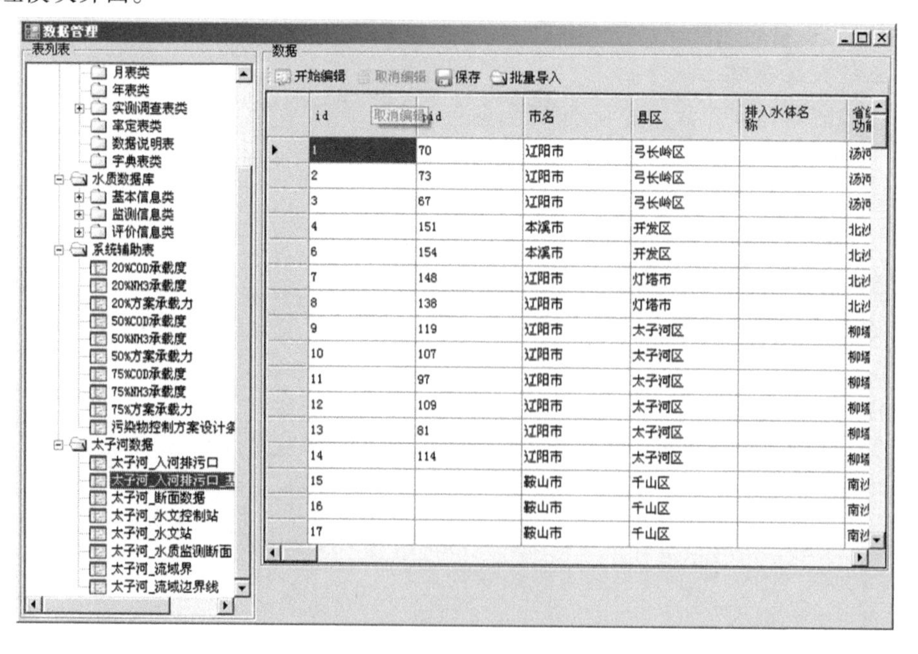

图 8-38　数据管理模块界面

8.5.2　辽河流域水质水量优化调配决策支持系统

基于数据库、地理信息系统、面向对象等技术运用 Microsoft Visual Studio 10.0 开发环境和 ArcGIS Engine 组件，开发了用户操作界面友好的辽河流域水质水量联合调度决策支持系统。系统综合集成了流域水文模型、河流水质模型、库群优化调度模型、用水需求分析模型和调度方案评价模型，具有系统管理、方案管理、数据管理、模型管理、空间分析和方案输出功能六大功能，为以改善河流水体功能，保障生态流量需求为导向的辽河流域水质水量联合调度提供决策支持平台，可辅助制订水量水质调度方案，为实现流域水环境动态管理、流域污染物总量控制和生态流量的预警预报提供有力工具。

8.5.2.1　辽河流域水质水量优化调配决策支持系统

辽河流域水质水量优化调配决策支持系统，以保障河流水体功能改善为导向，以河流水环境容量改善和调控为切入点，对于不同的调度情景，可以通过水量水质仿真模型模拟水库闸坝调度过程，给出调度方案集。根据给定的流域不同水质目标保障的水量调配预案，采用辨识相关技术实现对多目标技术方案进行评估，并将评估结果反馈给优化调度模型进行参数调整，最终通过过程控制和结果检验得到最优调度方案。将以上过程运用 Microsoft Visual Studio 10.0 开发环境和 ArcGIS Engine 组件，基于数据库、地理信息系统、面向对象等技术形成用户操作界面友好的太子河流域水质水量联合调度管理系统。系统总体结构包括方案库、模型库及数据库三个部分，见图 8-39。

系统建立了太子河流域水质水量优化调度三维仿真模型，基于太子河流域示范河段（观音阁水库—葠窝水库—汤河水库）30 m 精度的地形数据及 1.0 m 的遥感影像，搭建了流域三维场景，并添加了河流水文站、监测断面、排污口、取水口、县市行政边界等 GIS 要素，构建了研究范围内主要水库大坝、主要拦河闸坝、跨河公路桥等三维模型。基于 MIKE11 模型输出的不同里程水量（流速、水位）及水质（COD、氨氮浓度）要素模拟结果，构建了关键控制断面的水质、水量数据库，在结合三维场景下实现了水质水量调度过程的水流场及污染物输移流场的图形化表达及三维场景的动态展示；一方面验证了模型模拟数据的可靠性，另一方面提供了直观的科学数据表现手段，为分析决策提供依据。

1. 三维场景的构建

以 Neomap VPlatform（简称 NVP）作为三维仿真基础平台，在辽河流域上选择包含观音阁、葠窝、汤河水库三个大型水库在内的太子河流域建立水资源优化调度三维仿真系统，以该区域内 30 m×30 m 的 DEM 数据和 1.0 m 遥感影像数据作为场景表现的区域主题背景，并在此场景内，添加该范围内所包含的基础地理信息数据和各种主要的水工建筑物模型。

NVP 是进行观音阁—葠窝河段区域三维场景构建的基础平台，ArcGIS 9.3 和 3D Max10 是此项工作的辅助软件平台。通过数据的收集、整理、预处理等工作，将基础地理信息数据与水工建筑物三维实体模型在 NVP 平台上进行部署和集成，最终完成区域三维平台的构建。图 8-40 显示的是区域三维场景的搭建界面。

采用纹理映射，就是将纹理模式映射到物体表面上，可以作为纹理的素材有多种，根据实际材质的需要进行选择，以增加真实感为主要目的。项目所涉及的模型按照其结构

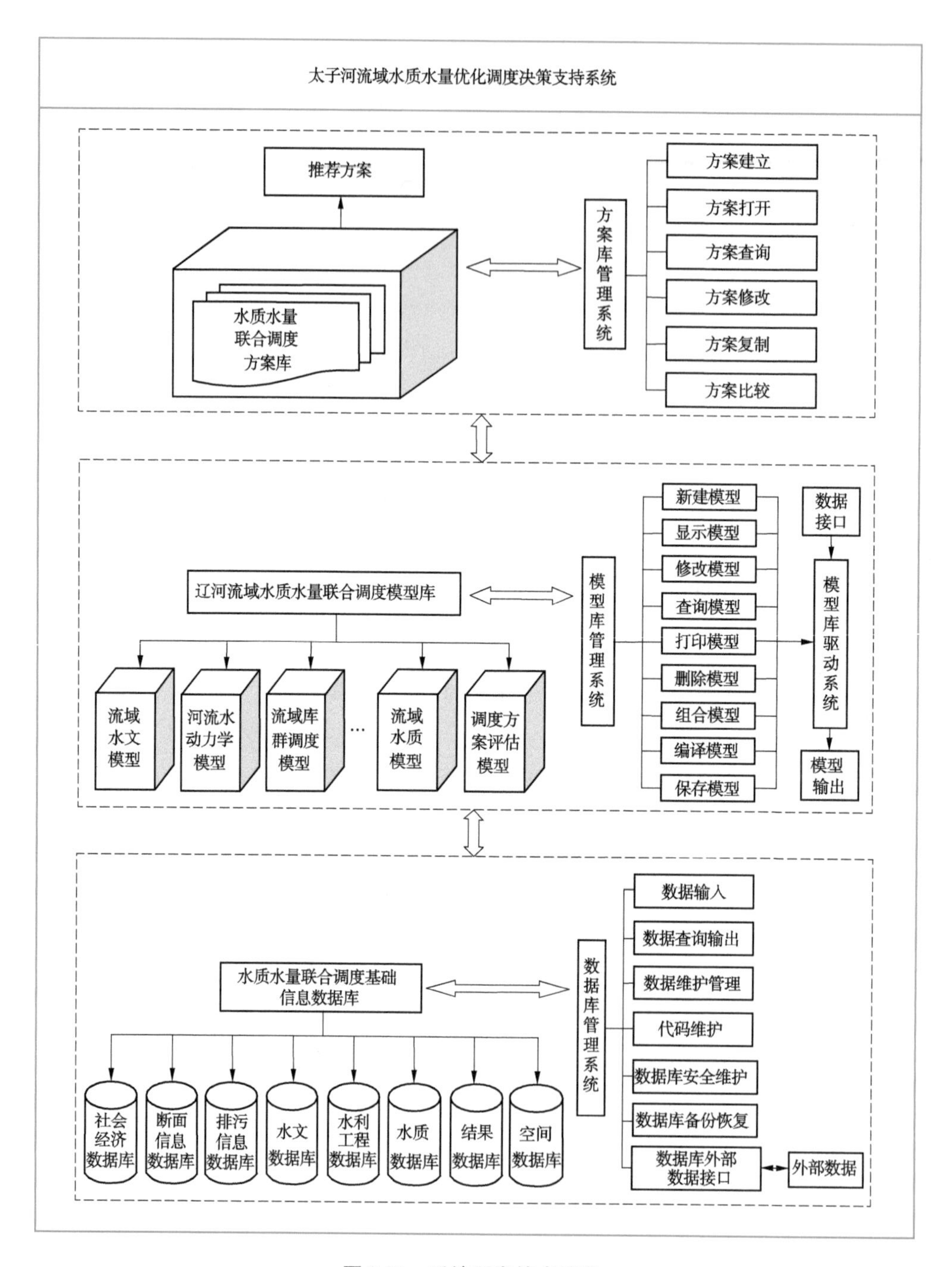

图 8-39　**系统开发技术路线**

与复杂程度，并结合已有图片元素，分别用单元阵列合成技术对拦河坝、葠窝溢洪道、桥梁模型进行了搭建；应用骨干模型与附属模型合成技术对观音阁水库、汤河大坝进行了模型搭建；应用分块模型合成等技术对观音阁水库模型进行了搭建。图 8-41 ~ 图 8-43 分别显示了观音阁水库、葠窝水库及汤河水库的空间仿真三维效果图。

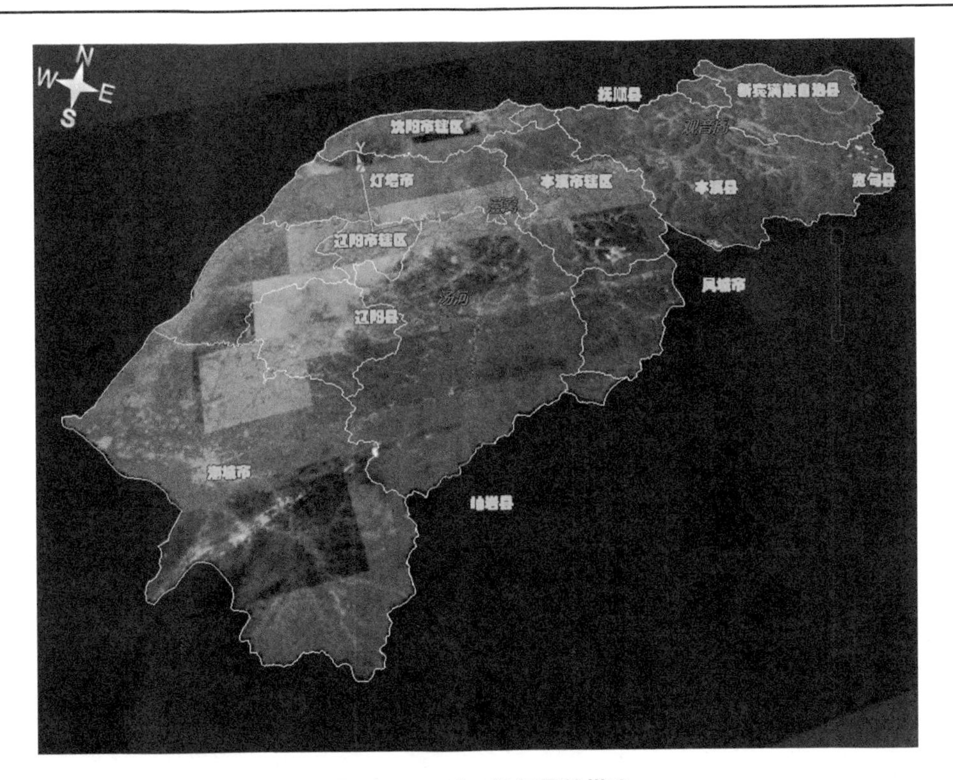

图 8-40　区域三维场景的搭建

图 8-41　观音阁水库大坝模型载入场景后的局部场景

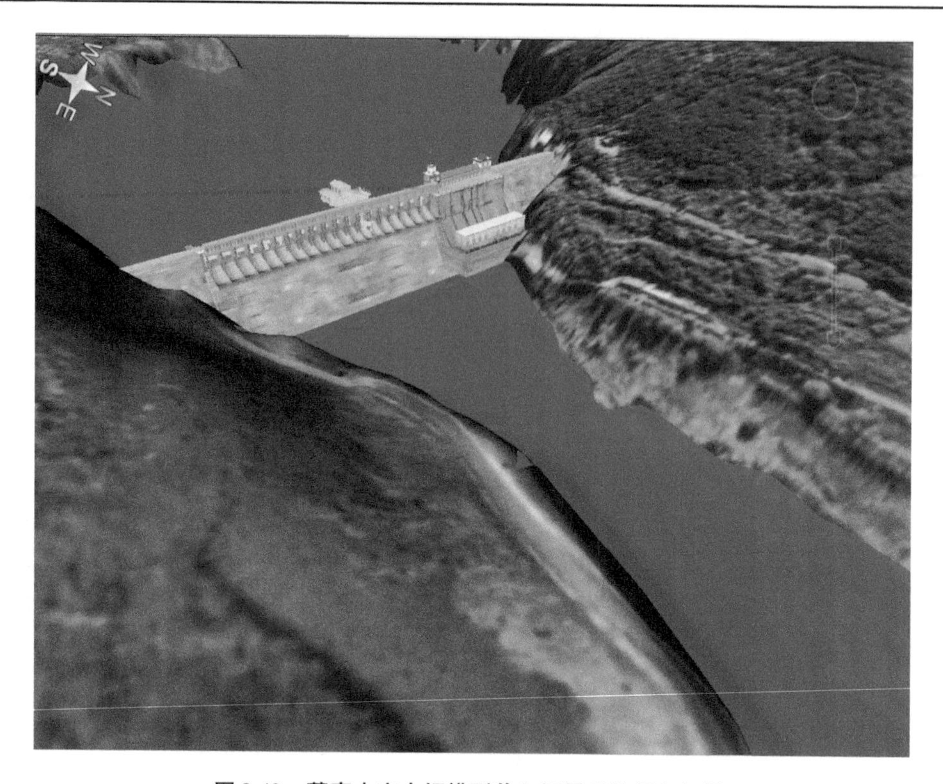

图 8-42　葠窝水库大坝模型载入场景后的局部场景

图 8-43　汤河水库大坝模型载入场景后的局部场景

2. 系统调度功能实现

辽河流域水质水量优化调配决策支持系统有11个功能模块,具体如图8-44所示。

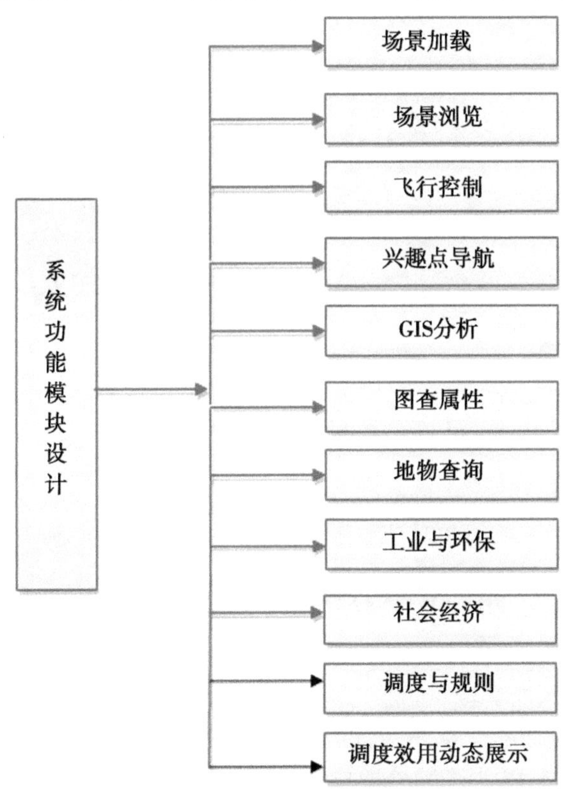

图8-44　系统功能模块

其中,调度效用动态展示是本系统的核心模块,在三维场景中,动态展示所选参数在时间、空间的变化情况。参数不同,展示方式不同。水质参数(COD、氨氮)用动态色带展示,水文参数(流速)用动态纹理展示。

技术实现方法是:把场景中的河流按需要分段,在程序运行时,先读取选定方案、指定参数、当前时刻各河段的参数值,根据参数不同,改变各河段块的颜色或纹理变化。随着时间的增加,再读取下一时刻各河段的参数值,以下一时刻的参数值为依据,再次渲染各河段块的颜色或纹理,从而达到表现某个参数在整个河道上随着时间的动态变化的目的。

在展示窗口的下部,还设计了隐藏的图表区域,在需要时,可以查看具体的参数变化曲线或表格。图8-45展示了调度效用动态的图表显示效果图。

8.5.2.2　辽河流域水污染突发事件应急水力调度决策支持系统

以水质模型为核心,结合数据库技术、GIS技术和三维可视化技术,建立具有流域普遍性的辽河流域水污染突发事件应急水力调度决策支持系统,采用三维可视化技术,基于C/S模式构建。该系统可以进行仿真情景设计、模型驱动、成果查询、成果发布和成果演示。图8-46为辽河流域水污染突发事件应急水力调度决策支持系统的系统功能结构图。

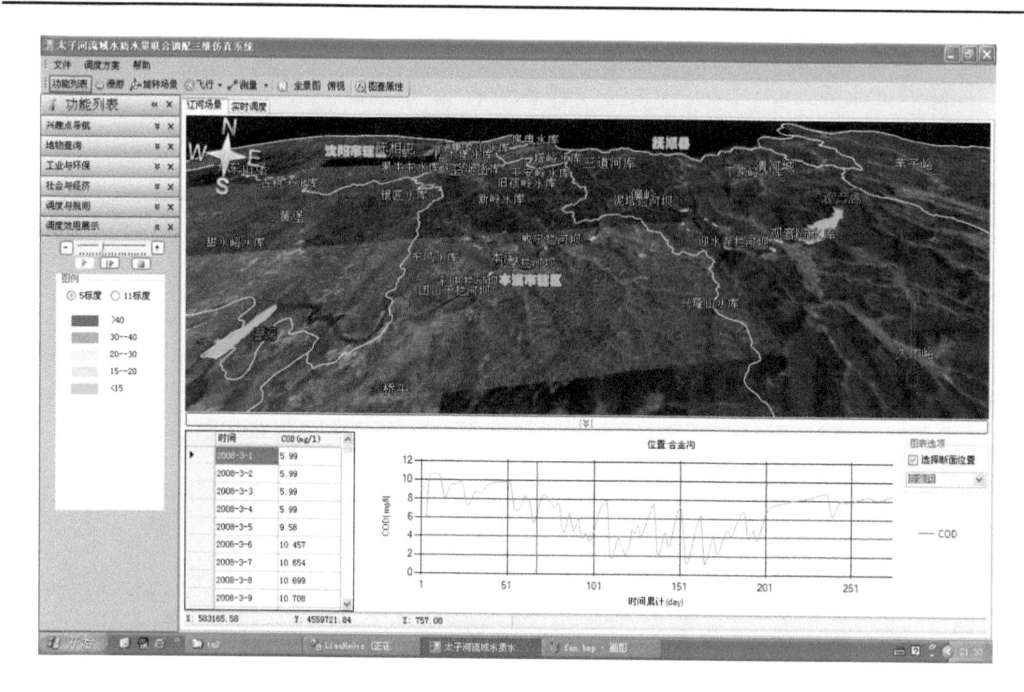

图 8-45　调度效用动态的图表显示效果图

1. 三维虚拟现实

辽河流域水污染突发事件应急水力调度决策支持系统，是一个基于 GIS 的三维仿真系统，针对流域重要信息进行查询，通过与决策者的交互式会商，提供辅助决策的系统。系统采用先进的投影技术、视音频处理技术和计算机虚拟现实可视化技术，为会商决策建立优质的视听和虚拟环境；并以实时监控系统和水污染测报模型计算结果等的动态信息为核心，结合现代高新技术进行综合开发，形成技术先进、功能完善、实用性强、具有会商决策支持能力的综合系统，为决策者提供虚拟可视化交互环境和可视化信息，以形象、直观的形式表现会商所需的各类信息，通过群决策方式对水污染应急处理的方案、重大问题、矛盾冲突等进行会商决策。

系统解决了三维空间数据的入库管理功能，支持三维地形影像、模型、矢量数据的入库管理，支持属性信息的入库管理，提供相关的查询检索功能，充分提高了数据维护效率和保障了数据的安全性，为构造各行业业务系统打下了坚实的基础。该子系统以 COM 组建技术为基础、采用开放的数据库访问标准可以无缝集成水环境数学模型的输入数据、模型计算过程、模型计算成果数据；其中输入数据支持平台直接输入和批量导入等多种方式，能够充分满足模型计算边界输入、参数设置等；模型计算过程可以集成包括 exe、dll 等形式的集成；模型成果数据支持三维可视化过程动画模拟、图表分析等多种展示方式。图 8-47 是由三维虚拟现实子系统构成的决策支持系统的逻辑结构。

在上述技术特点基础上，本系统创新性地在水污染突发事件应急处理系统的构建中，将 KML 标记语言技术和动态纹理映射技术用于污染水团的三维可视化动态仿真。图 8-48展示的是水面动态纹理效果。

系统应用 EVIA Sight Platform 2.0 对场景数据进行整合，效果如图 8-49 所示。

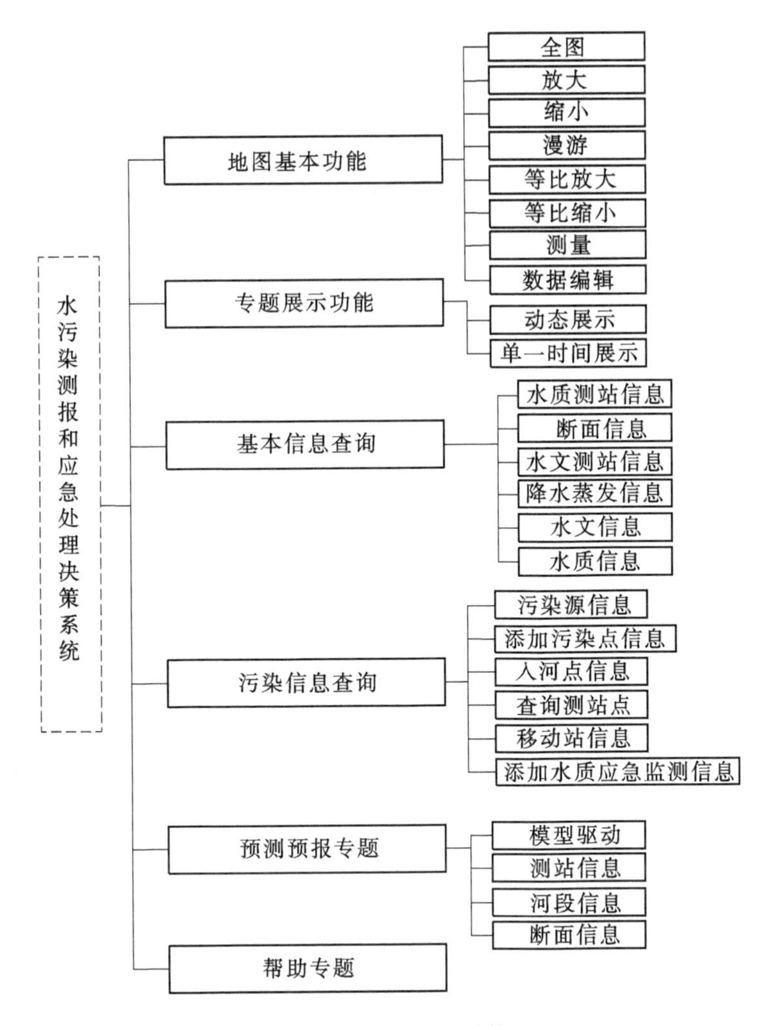

图8-46　系统功能结构

2. 多闸坝河流耦合模型

针对太子河流域水污染突发事件预测与应急水力调度的需求，研发了多闸坝河流水动力模型、水质模型、水力调度模型，实现了多模型的动态耦合，形成了多闸坝河流水污染突发事件的预报调度模拟技术，为水污染突发事件应急水力调度管理提供了决策支撑。系统以模型库的形式将太子河流域水污染突发事件预测模型和应急水力调度模型进行集成。针对系统对模型库的管理要求，开发了模型库管理子系统。

水污染测报和应急处理系统中有河道水流演进、污染团演进等模型，模型主要通过数据库和方案库进行信息交互。如果将模型库比作一个成品库的话，则该仓库中存放的是成品的零部件、成品组装说明、某些已组装好的半成品或成品。从理论上讲，利用模型库中的“元件”可以构造出任意形式且无穷多的模型，以解决任何所能表述的问题。

水污染事件预报模型是将河道水流演进、污染水团演进形成的过程结合起来的模拟结构，根据来水、污染物量等边界条件确定系统控制节点的流量、浓度过程。即涉及江河的水动力模型和水质模型，这些模型单方面的研究已较深入，各类模型在实际应用中也发

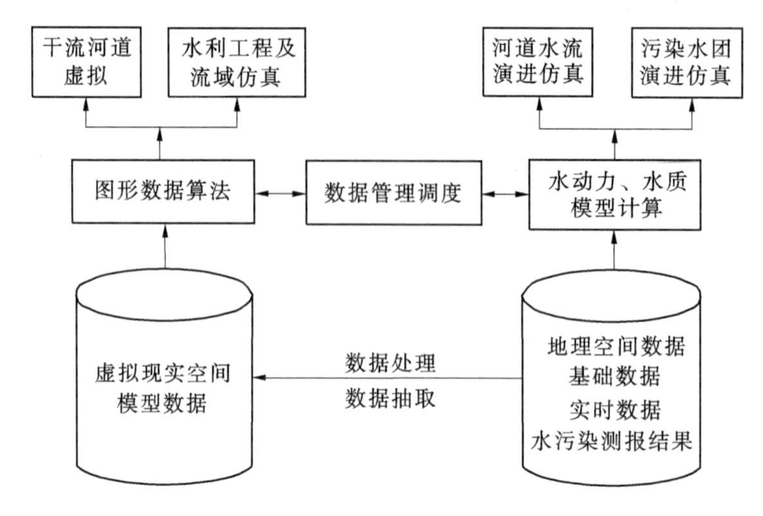

图 8-47　决策支持系统总体结构

图 8-48　水面动态纹理效果

图 8-49　太子河流域三维场景

挥着重要作用。

3. 决策支持系统功能

系统实现了对水文、水质的监测信息的查询,并可对数据信息绘制曲线图、柱状图等专业图表等,如图 8-50 所示。

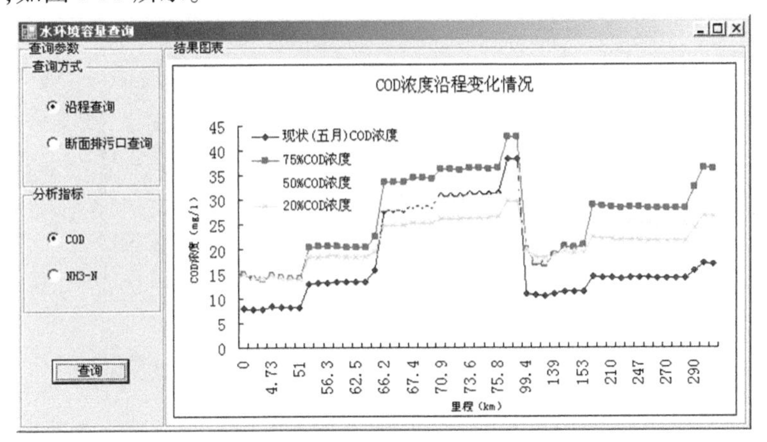

图 8-50 水文水质监测信息查询

应用河道断面编辑工具可以完成对模型所用河道断面的编辑及修改工作,界面如图 8-51所示。

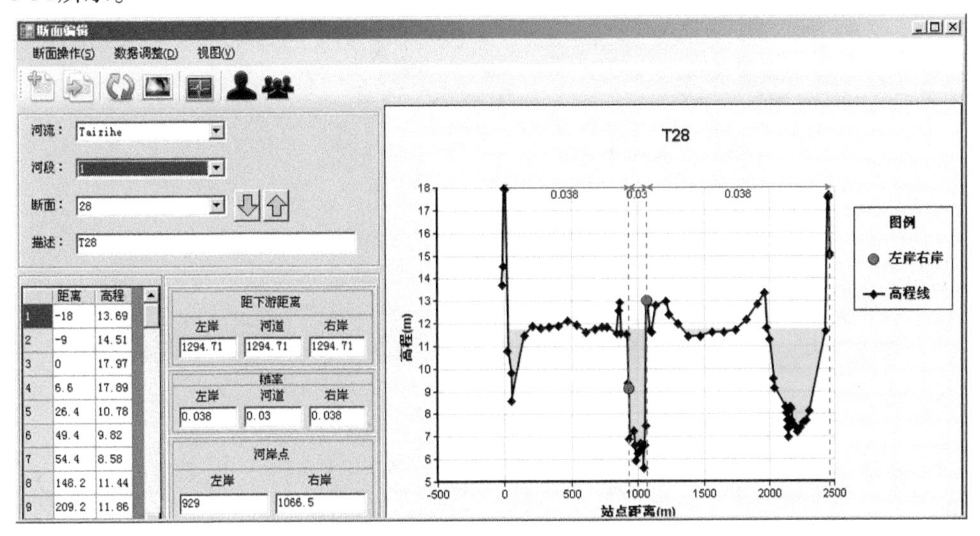

图 8-51 河道断面编辑工具界面

系统开发了模型计算结果的分析模块,包括多种成果分析的表现形式,主要有计算结果的河道断面展示、对断面水位分析的视图,以及所有断面计算结果的列表分析等。模块的具体界面见图 8-52。

以 EVIA Sight Platform 2.0 为三维 GIS 开发平台,采用 C#为开发语言,开发了包括三维 GIS 分析、三维场景飞行浏览、三维场景模型计算结果展示等功能,其部分界面截图可见图 8-53。

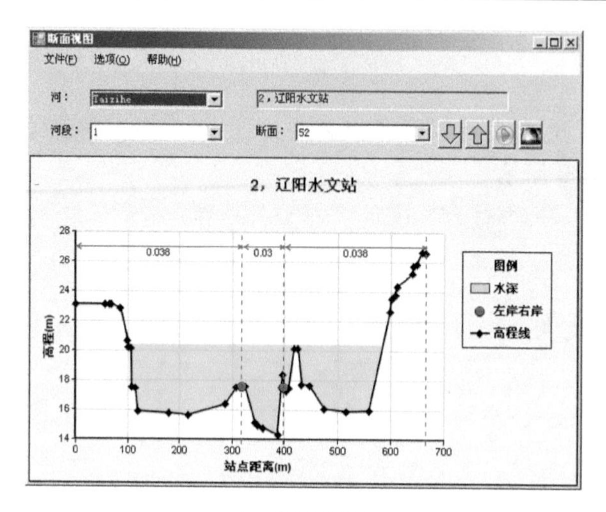

(a)断面视图

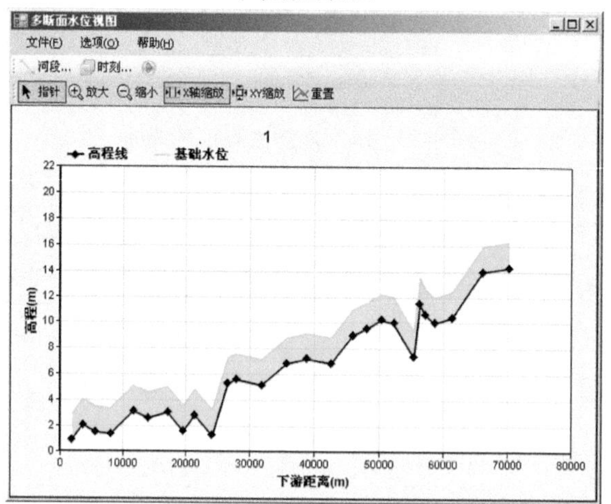

(b)多断面水位视图

所有断面计算结果

河段	断面	河道水面曲线	流量(m3/s)	深泓点高程(m)	水面高程(m)	临界水面高程(m)	总水头线(m)	能量坡降(‰)	主河槽平均水深(m)	过水断面面积(m2)	水面宽度(m)	主河槽弗汝德数
1	4099.09	600.00	0	600	284	1.35828	337.122	177.524	0.842424	0		
1	[illegible]	600.00	2000	600	284.626	1.58736	427.799	177.383	0.665325	0		
1	[illegible]	600.00	4000	600	285.241	1.6136	428.797	176.981	0.665212	0		
1	[illegible]	600.00	6000	600	285.839	1.63811	428.934	176.576	0.666394	0		
1	[illegible]	600.00	8000	600	286.428	1.66287	429.08	176.17	0.667539	0		
1	[illegible]	600.00	10000	600	287.006	1.68789	429.255	175.765	0.668614	0		
1	[illegible]	600.00	12000	600	287.589	1.71317	429.472	175.36	0.669634	0		
1	[illegible]	600.00	14000	600	288.17	1.73861	429.682	174.955	0.670659	0		
1	[illegible]	600.00	16000	600	288.758	1.76373	429.694	174.551	0.672007	0		
1	[illegible]	600.00	18000	600	289.338	1.78625	428.513	174.145	0.675215	0		
1	[illegible]	600.00	20000	600	289.921	1.80401	426.947	173.736	0.679055	0		
1	[illegible]	600.00	22000	600	290.507	1.81931	426.857	173.321	0.680574	0		
1	[illegible]	600.00	24000	600	291.086	1.83482	426.767	172.906	0.682072	0		
1	[illegible]	600.00	26000	600	291.666	1.85046	426.672	172.492	0.683584	0		
1	[illegible]	600.00	28000	600	292.25	1.86625	426.578	172.077	0.685103	0		
1	[illegible]	600.00	30000	600	292.831	1.88222	426.479	171.663	0.686624	0		
1	[illegible]	600.00	32000	600	293.409	1.89831	426.363	171.249	0.688169	0		
1	[illegible]	600.00	34000	600	293.986	1.91443	426.197	170.835	0.68979	0		

(c)所有断面计算结果

图 8-52　模型计算成果分析模块界面

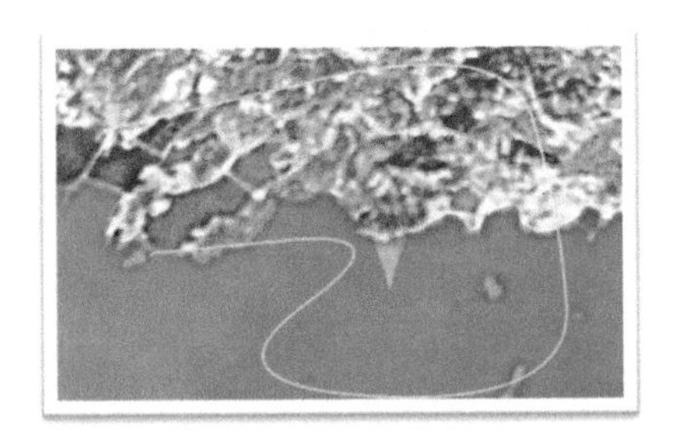

(a)三维场景飞行路线设置

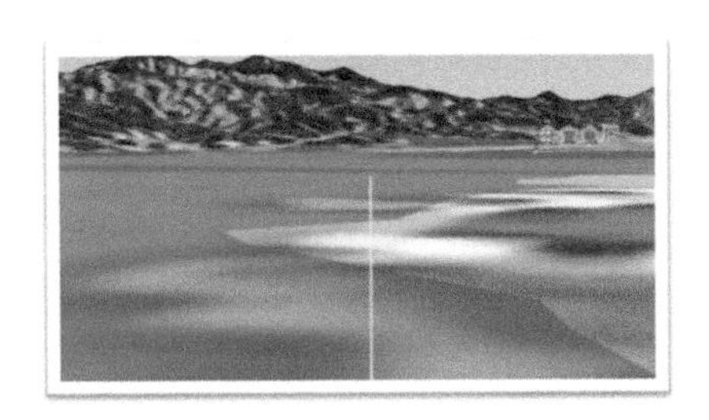

(b)三维场景飞行浏览

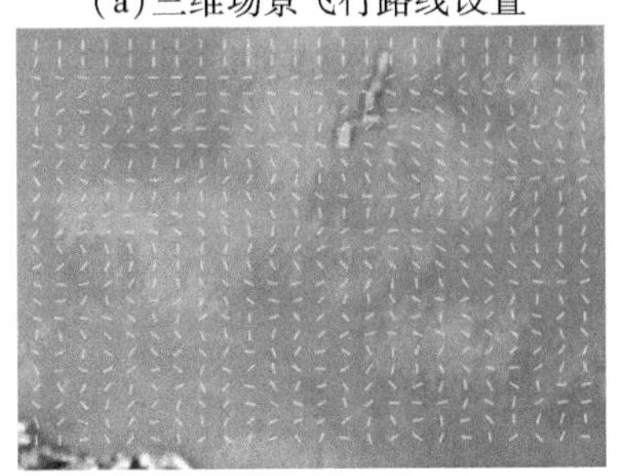

(c)三维场景中的流场

(d)三维 GIS 分析功能(部分)

图 8-53　三维虚拟仿真平台主要功能